Schriftenreihe der
Technischen Hochschule in Wien

Gesamtschriftleitung: o. Prof. Dr. E. Bancher

Band 2

Herausgegeben vom Rektorat der
Technischen Hochschule in Wien

Probleme des Umweltschutzes am Beispiel von großen Abwasserreinigungsanlagen

Wechselwirkung zwischen Entwurf und Betrieb

Symposium, Wien, im September 1971
Herausgegeben von
Prof. Dr. W. v. d. Emde, Wien

In Kommission bei Springer-Verlag Wien/New York

Softcover reprint of the hardcover 1st edition 1973
Gestaltung: H. Susan-Gfatter, Dipl.-Ing. K. Semsroth, Karlsplatz 13,
A-1040 Wien.

ISBN-13: 978-3-211-81183-2   e-ISBN-13: 978-3-7091-5616-2
DOI: 10.1007/978-3-7091-5616-2

Inhaltsverzeichnis

Seite

V

Einleitung

Arbeitstagung der „International Association on Water Pollution Research" in Wien (1971)

In der Zeit vom 20. bis 24. September 1971 fand an der Technischen Hochschule Wien eine internationale Arbeitstagung mit dem Thema „Wechselwirkung zwischen Entwurf und Betrieb von großen Abwasserreinigungsanlagen" statt. Veranstalter war die Internationale Vereinigung für Abwasserforschung (IAWPR). Die Organisation lag in den Händen von Professor Wilhelm von der Emde und seinen Mitarbeitern vom Institut für Wasserversorgung, Abwasserreinigung und Gewässerschutz der Technischen Hochschule Wien.

Das genannte Thema wurde gewählt, da ein großer Teil des durch Kanalisationen erfaßten Abwassers in großen Kläranlagen gereinigt wird oder gereinigt werden sollte. Verbesserungen im Entwurf und Betrieb haben Einfluß auf die Reinigungswirkung und die Einsparung an Kosten. Da Entwurf und Betrieb von Abwasserreinigungsanlagen durch Wechselbeziehungen eng miteinander verbunden sind, ist es unbedingt wichtig, daß Betriebsingenieure, Entwurfsingenieure und Forscher in engen Kontakt kommen. Dies ist auf großen internationalen Kongressen oft nur schwer möglich. Es wurde daher die Form der Arbeitstagung mit einer beschränkten Zahl von Teilnehmern gewählt.

Das Ziel der Arbeitstagung war, einen Erfahrungsaustausch über die Probleme des Entwurfes und Betriebes von großen Abwasserreinigungsanlagen auf internationaler Ebene zu ermöglichen. Neben den bekannten Abwasserreinigungsverfahren wurden auch neue Entwurfsideen zur Sprache gebracht. Besonderes Augenmerk wurde dem Einfluß der Automation auf Entwurf und Betrieb gewidmet. Die Arbeitstagung sollte dazu beitragen, die Vorteile und Grenzen der gegenwärtigen und der zukünftigen Entwurfs- und Betriebspraxis abzustecken.

Die etwa 130 Teilnehmer kamen aus 22 Ländern, darunter ein großer Teil aus Übersee (USA, Japan). Zu etwa je einem Viertel setzte sich die Teilnehmerzahl aus Betriebsingenieuren, Entwurfsingenieuren, Forschern und Ingenieuren der zuständigen Zulieferindustrie zusammen. So waren vertreten die Großstädte Barcelona, Berlin, Chikago, Hamburg, Johannesburg, London, Los Angeles, Philadelphia, Sheffield, Tokio und Wien; Abwasserverbände aus Westdeutschland, England, Israel, Japan und Schweden; Entwurfsingenieure namhafter amerikanischer und europäischer Ingenieurbüros; Wissenschaftler amerikanischer, englischer, deutscher und österreichischer Institute.

Aus der Reaktion auf diese Tagung – die erste in dieser Art – läßt sich entnehmen, daß sie erfolgreich verlaufen ist. Besonders begrüßt wurde, daß die Hälfte der Zeit zur freien Diskussion zur Verfügung stand. Ein Beweis für die Richtigkeit dieses Konzeptes ist die Fortsetzung dieser Tagungsweise mit kurzen Vorträgen zu einem beschränkten Themenkreis mit beschränkter Teilnehmerzahl. Neben der Fülle des gebotenen Fachwissens trug auch das gute „Betriebsklima" wesentlich zum Erfolg der Tagung bei.

Aus Gründen der beschränkten Mittel für diese Veröffentlichung konnten nicht alle Vorträge vollständig abgedruckt werden. Die vollständige Wiedergabe aller beim Workshop gehaltenen Vorträge erfolgte in dem April-Mai Heft 1972 der Zeitschrift „Water Research", the Journal of the International Association on Water Pollution Research", Pergamon Press, Oxford, London, New York, Paris, im englichen Originaltext.

Prof. Dr. v. d. *Emde*
Institut für Wasserversorgung,
Abwasserreinigung und
Gewässerschutz d. Techn.
Hochschule Wien

Ralph C. *Palange* *

Neue Richtlinien für die Planung, die Wirtschaftlichkeit und die Verfahrenstechnik von Kläranlagen

1. Einleitung

Lord Byron behauptete, daß „der Mensch die Welt mit Vernichtung überzieht". Heute bezeugen viele unserer Berge, Täler und Flüsse und sogar die Luft, die wir atmen, in grotesker Weise die Richtigkeit seines Pessimismus.

Viele anerkannte Wissenschaftler sagen voraus, daß wir nicht bei einer nuklearen Katastrophe oder einer Kollision mit einem anderen Planeten zugrunde gehen würden, sondern durch die schrittweise Zerstörung unserer Umwelt, weil wir in unserem Unrat und Gift ersticken würden.

Wir haben eine ungeheure Aufgabe vor uns. Wir müssen einen Weg finden, daß die Menschheit mit angemessener Würde leben kann, trotz der enormen Mengen von Unrat, die täglich anfallen.

Zur Erfüllung dieser Aufgabe genügt es nicht, sich auf die Lösung spezieller Probleme zu konzentrieren. Es ist sicherlich richtig, daß ein Großteil an Forschungsarbeit nur auf die Zusammenhänge der Abfallstoffe untereinander und zur Umwelt gerichtet ist. Man kann ein Problem nicht lösen, indem man ein neues schafft. Die getrennten Wirkungsbereiche der Wasser-, Luft- und Bodenverunreinigungskontrolle müssen zusammengefaßt werden.

In der Natur ist Wasser ein wichtiger Rohstoff, in seinem Kreislauf stellt die Abwasserreinigung einen Endpunkt dar. Und nur mit Kläranlagen sind wir in der Lage, die für Städte und Industrie notwendige Güte und Menge des Wassers zu sichern.

Wir müssen erkennen, daß es zu geringe wirkungsvolle Verbindungen zwischen Forschung und Anwendung gibt. Dies hat unter anderem

---

* Ralph C. *Palange,* Division of Facilities Construction and Operation, Water Programs Office, U. S. Environmental Protection Agency, Washington, D. C. 20242, USA.

zu der Unfähigkeit geführt, neue Verfahren in geeigneter Weise zu nützen. Diese Arbeit wird sich weniger mit der Forschung selbst, sondern vielmehr damit auseinandersetzen, wie wir die Ergebnisse der Forschung anwenden können, um unsere Umwelt wirkungsvoller zu schützen.

2. Das Programm zur Errichtung von Kläranlagen in den U.S.A.

Das erste Gesetz von Dauer gegen Wasserverschmutzung in den U.S.A. wurde im Jahre 1956 erlassen. Dieses Gesetz zusammen mit vielen Novellen ermöglichte zuerst und erhöhte dann die zur Verfügung gestellten Mittel für die Errichtung von Kläranlageen von 50 Mill. $ im Budget 1957 auf 800 Mill. $ im Jahre 1970 und sogar auf 1 Milliarde $ im Jahre 1971.

Durch das Bundesgesetz werden an die Städte Mittel vergeben, die es ermöglichen, Kläranlagen zu bauen oder zu verbessern sowie notwendige Speicher- und Entlastungsbauwerke zu errichten. Die Mittel dürfen nicht für Kanalisationssysteme verwendet werden. Die Höhe der Subvention auf Bundesebene beträgt zwischen 30% und 55% der Baukosten, je nach den Gegebenheiten.

Bis zum 31. Mai 1971 wurden 11.886 Projekte mit einem Baukostenaufwand von 10,2 Milliarden $ gefördert, wozu die Bundesregierung 2,6 Milliarden $ beisteuerte.

3. Abschätzung der Erfordernisse

Eines der Hauptprobleme, das uns durch Jahre beschäftigte, war die Festlegung der Erfordernisse und der damit entstehenden Kosten für die Kläranlagen. Wir mußten uns nicht nur mit der Dynamik dieser Erfordernisse auseinandersetzen, sondern auch mit den Faktoren, die diese Erfordernisse von außen her verändern, während wir gerade versuchen, sie festzulegen.

Um diese Probleme möglichst einzuschränken und bessere Schätzungen zu ermöglichen, haben wir eine Methode entwickelt, die verläßliche und glaubwürdige Daten über zur Zeit absehbare Erfordernisse liefert.

Um unser Ziel zu erreichen, haben wir ein Programm entworfen, das viele Elemente enthält: realistische Kriterien, praktikable Pläne, strenge Durchführungsmaßnahmen und schöpferische Forschung. Der

Präsident hat dem Kongraß ein Programm vorgeschlagen, das einige Kernfragen herausstellt, unter anderem

a) wie hoch sind die Kosten von Kläranlagen für Städte im Jahre 1974, um den Wasserqualitätsansprüchen zu genügen?
b) wie können die Bundeshilfsmittel am schnellsten und wirksamsten den einzelnen Staaten und Städten zur Verfügung gestellt werden?
c) wie kann ein Rückstand im Anlagenbedarf vermieden werden, d. h. wie können wir sicher gehen, daß bestehende Anlagen vergrößert und verbessert bzw. neue Anlagen gebaut werden, um den Bedarf zu befriedigen?

Wir wissen, daß es verschiedene Lösungsmöglichkeiten für diese Probleme gibt. Dieser Gesetzesvorschlag an den Kongreß stellt Präsident Nixons Antwort dar. Es ist auch unsere beste Antwort. Sie ist Ausdruck unserer Erfahrung aus der Beschäftigung mit diesem Problem.

Nach unserer Schätzung werden die gesamten Baukosten für städtische Kläranlagen, die bis zum Ende des Budgetjahres 1975 übergeben werden sollen, 12 Milliarden $ betragen. Wir glauben, daß wir heute diesem Programm inhaltlich und von der Formulierung her den Gedanken der Autarkie zugrunde legen sollten. Unter Autarkie verstehen wir die Fähigkeit eines Gemeinwesens, seine Umweltschutz-Einrichtungen selbst zu führen, für den Betrieb dieser Einrichtungen zu zahlen und eine eventuelle Erneuerung zur Erfüllung zukünftiger Anforderungen zu ermöglichen. Wir haben dieses Konzept auf verschiedene Weise in unseren Gesetzesvorschlag aufgenommen. Die Gemeinden werden angehalten auf dem Gesetzes- oder Verordnungswege, auf dem personellen und finanziellen Sektor Maßnahmen zu ergreifen, um den künftigen Erfordernissen des Betriebes, der Erhaltung, der Erweiterung und Erneuerung der Kläranlagen zu begegnen.

Autarke Gemeinden werden bei entsprechendem Wachstum ihren Bedarf feststellen und Pläne zur Errichtung neuer Anlagen erstellen.

4. Planung

Um unsere Ziele zu erreichen, brauchen wir eine wirkungsvolle Planung. Planung heißt Vorausdenken. Auf die Planung der Wasser-Qualität bezogen heißt das: Erfüllung des Wasser-Qualitätsstandards auch in Zukunft.

Wenn eine solche Planung wirkungsvoll sein soll, muß sie einen kontinuierlichen Prozeß der systematischen und koordinierten Entwicklung darstellen. Die Planung sollte für jeden der beiden unterschiedlichen und doch in Zusammenhang stehenden Bereiche erfolgen:

1. Großstädte und Gruppen von Kleinstädten, in denen der Großteil von häuslichem und industriellem Abwasser anfällt und gereinigt werden muß.
2. Das gesamte Flußeinzugsgebiet, von dem alle Abwässer erfaßt werden.

Diese unterschielichen Gebiete, mit einem Flußeinzugsgebiet, das womöglich mehrere Stadtgebiete enthalten kann, müssen koordiniert und gemeinsam behandelt werden.

Die Planung bezüglich der Wasserqualität führt zu einer Reihe von Maßnahmen öffentlicher und privater Natur, die auf eine Verhütung bzw. Kontrolle der Wasserverschmutzung abzielen. Ein wirkungsvolles Programm muß durch Gesetze und Verordnungen ergänzt werden können. Ein derartiges Gesamtkonzept muß anwendbar, flexibel sein und initiativ wirken, und nicht als Zierde eines Bücherbrettes. Eine wirkungsvolle Planung soll unter anderem folgende Punkte berücksichtigen: häusliches, industrielles, landwirtschaftliches Abwasser, Starkregenabläufe, Mischkanalisation, Öl- und Giftsubstanzen, Bergbauabwässer und alle anderen feststellbaren Abwasserproduzenten. Die Planung sollte außerdem die Beziehungen zwischen den Problemen der Wasserqualität und denen der Umwelt berücksichtigen.

Am 2. Juli 1970 wurden von der Regierung Richtlinien herausgegeben, die festlegen, daß jede Gemeinde, die für ihre Kläranlage Bundesmittel erhält, in eine Wasser-Qualitätsplanung sowohl für das gesamte Flußeinzugsgebiet als auch für den näheren Siedlungsbereich aufgenommen werden muß. Den Bundesstaaten, bzw. deren Regierungen wird die Verantwortung übertragen, diese Planung durchzuführen.

5. Kostenpolitik

Im letzten Jahrzehnt haben die USA ihr Kapitalaufkommen für den Bau von Kläranlagen beinahe verdoppelt und eine weitere Verdoppelung wird in den nächsten 5 Jahren erfolgen. Um eine hohe Wirksamkeit unserer Investitionen sicherzustellen, haben wir neue Richtlinien für die Errichtung von Kläranlagen entworfen. Es ist notwendig, daß die Geldmittel optimal genützt werden und daß sie in Gebieten verwendet werden, wo die Anforderungen an die Wassergüte, sowohl aus der Sicht der Umwelteinwirkung als auch was die betroffene Bevölkerung anlangt, besonders hoch sind.

Die Kostenpolitik verlangt, daß die billigste Lösung gesucht wird, die die Erreichung und Einhaltung der geforderten Wassergüte und anderer mit dem Wasser zusammenhängenden Ziele garantiert. Da die Mittel für den Bau neuer Anlagen beschränkt sind, müssen solche Projekte vorgezogen werden, die den größten Erfolg bezüglich Wasserreinigung und Umweltverbesserung versprechen. Als Kosten werden der Betrieb, die Erhaltung, die Amortisation und die anfänglichen Kapitalkosten gewertet. Das Ziel ist es, die gesamten öffentlichen Ausgaben so gering wie möglich zu halten, dabei soll die Einwirkung auf die Umwelt möglichst klein bleiben.

Die Umwelt-Schutz-Behörde der USA benutzt diese Kostenpolitik, indem sie Gebietspläne studiert, bevor Details für einzelne Anlagen ausgearbeitet werden. Wir haben schon des öfteren Bundesstaaten und Städte dazu bewegt, zwei oder mehr Anlagen in einem Gebiet zu einer großen, verbesserten Anlage zusammenzulegen. In einigen Fällen war es jedoch nötig, auf Grund der Kostenpolitik eine Aufteilung von Anlagen durchzuführen. Wir haben auch Nachbargemeinden dazu ermutigt, ihre Abwasser gemeinsam zu behandeln und Anlagen zu planen, die die aufzuwendende Pumpenenergie möglichst klein halten. Wir haben aber Gemeinden auch schon dazu aufgefordert, ihre Abwasser mit dem in ihrem Gebiet anfallenden Industrieabwasser zu reinigen.

6. Neue Verfahren

Die Anwendung der zu unserer Zeit bestmöglichen Verfahren für die Abwasserreinigung gehört erklärtermaßen zu einem unserer Hauptziele. Seit 1956 wurden über 2,6 Milliarden $ an Unterstützungen für den Kläranlagenbau von der Bundesregierung aufgewendet. Es werden noch viele Milliarden aufgewendet werden müssen, bis unser Ziel – reines Wasser – erreicht sein wird. Bei dieser enormen Ausweitung der öffentlichen Mittel für den Kläranlagenbau müssen wir die größten Anstrengungen treffen um die bestmöglichen Verfahren anzuwenden.

Die öffentliche und private Forschung der letzten Jahre hat viele neue Methoden entwickelt, die jetzt zur Verwendung in weiten Bereichen zur Verfügung stehen. Bisher wurden neue Verfahren von planenden Ingenieuren nur langsam angenommen. Für uns ist es wichtig, daß

neue Verfahren sofort angenommen werden, um die Planung moderner
Anlagen zu ermöglichen. Wir können nicht in Anlagen investieren, die
womöglich bald veraltet sein werden oder nicht modifiziert werden
können, um strengeren Abflußkriterien der Zukunft zu genügen.

Um dieses Ziel zu erreichen, veröffentlichten wir im September
1970: „Federal Guidelines for Design, Operation and Maintenance of
Waste Treatment Facilities" und leiteten ein Monat später ein Verfahren-Austausch-Programm in die Wege. Die Richtlinien spiegeln die
Notwendigkeit wieder, den größtmöglichen Nutzen aus den Ausgaben
für die Abwasserreinigung zu ziehen, indem sie festlegen, wie neue
Kläranlagen auf das kostensparendste geplant und betrieben werden.

Es werden auch Technische Berichte herausgegeben, die bestimmte
Kapitel der Richtlinien hervorheben, neuere Forschritte in der Verfahrenstechnik erläutern und Wege für den Einbau in neue Anlagen aufzeigen.

Das Ziel des Technologie-Anwendungs-Programmes ist die Hürde
zwischen der Entwicklung und der Anwendung einer neueren Verfahrens-Methode und der darauffolgenden großtechnischen Verwendung
zu überwinden. Das Programm schließt die Ausbreitung von Information durch Planungs-Seminare, technische Veröffentlichungen, öffentliche Informationsprogramme und Wandtafeln sowie Planungshandbücher für neue Verfahren mit ein.

Solche Handbücher über Phosphat-Elimination, Schwebestoffentfernung, Aktivkohleoxidation und Erhöhung der Kapazität und Effektivität bestehender Anlagen sind in Vorbereitung, andere sind geplant.

Eine Verbesserung von Kläranlagen wird irgendwann nach 1976
verlangt werden, um neue Wassergüte-Standards zu erreichen, die
durch Bevölkerungszuwachs, höheren pro Kopf Anteil und industrielles Wachstum diktiert werden. Die Verwendung der bestmöglichen
Verfahren von heute wird es ermöglichen, in der Zukunft eine Verbesserung zu erreichen. Eine Wiederverwendung von Wasser wird möglicherweise für die Industrie und als Brauchwasser erforderlich sein. Wir
würden gerne Informationen über unser Technology Transfer Program
weitergeben oder austauschen. Anfragen richten Sie bitte an

Technology Transfer
US Environmental Protection Agency
Washington DC 20242
U.S.A.

7. Umweltschnutz-Auflagen

Im Jänner 1970 wurde vom Kongreß der USA das Nationale Umweltschutz-Gesetz erlassen, das verlangt, daß alle Behörden, die sich mit Umweltfragen befassen, mit anderen zuständigen Stellen Kontakt aufnehmen müssen. Das Gesetz soll bewirken, daß öffentliche Entscheidungen in ihren Auswirkungen auf die Umwelt ausreichend und sorgfältig geprüft werden. Die Vorgangsweise ist gewöhnlich so, daß die planende Stelle einen Bericht über die Umweltauswirkungen erstellt, und diesen zum Studium und zur Diskussion an öffentliche und private Stellen und andere Interessengruppen verteilt.

Diese Berichte sind keine Rechtsgrundlagen für geplante Unterstützungen oder Aktivitäten, sie sind vielmehr detaillierte Darstellungen der Umwelteinflüsse jener öffentlichen Vorhaben, die durch Bundesmittel unterstützt werden. Sie müssen zumindest folgende Punkte enthalten:

a) Die wahrscheinliche Auswirkung des Projektes auf die Umwelt.

b) Alle möglichen negativen Auswirkungen, die nicht vermieden werden können.

c) Mögliche Alternativen mit einer Erläuterung jedes Vorschlages.

d) Beziehungen zwischen kurzzeitiger Einwirkung auf die Umwelt und der Erhöhung der Wirkung bei langer Dauer.

e) Alle irreversiblen und nicht wiedergutzumachenden Beeinträchtigungen der Umwelt.

f) Öffentliche Bedenken zu dem geplanten Projekt und ihre Bedeutung.

8. Zusammenfassung

Wir glauben, die große und schwierige Aufgabe vor uns zu haben, die störenden Auswirkungen der Nebenprodukte unseres Wirtschaftssystems zu verstehen und unter Kontrolle zu halten; eines Systems, das in der Vergangenheit außerordentlich produktiv war und dementsprechend unsere natürlichen Reichtümer verschwendet hat. Wir haben heute die Absicht und den Glauben, daß es uns durch Entwicklungsarbeit auf den Gebieten des Planens, der Wirtschaftlichkeit und der Technologie, von der Regierungsseite her gelingen wird, den Anforderungen an unsere amerikanischen Städte gerecht zu werden und bis 1976 reines Wasser zu haben.

Am Beginn der Unabhängigkeitserklärung schrieb Thomas Jefferson 1776, daß wir eine Revolution begännen, aber daß unsere Handlungen in der Deklaration erklärt werden würden, da wir, nach seinem Worte „große Achtung vor der Meinung der Menschen in aller Welt haben". Auf diese Art hat Jefferson zwar unsere Unabhängigkeit von unseren damaligen Kolonialherren, nicht aber von der übrigen Welt verkündet. Wir glauben heute für die hohe Achtung zu streiten, die der Menschheit gebührt. Über den Zweifel erhaben ist das Band, das uns alle miteinander verknüpft: die Sorge um die Fruchtbarkeit von Wasser und Land, die Sorge um die Existenzmöglichkeit der kommenden Generationen.

Die internationale Gemeinschaft der Wissenschaft und der Völker muß es ermöglichen, die natürlichen Reichtümer unserer Umwelt durch Lösung der gemeinsamen Probleme zu erhalten. Eine Reihe von ausgezeichneten Arbeiten wird zur Zeit von internationalen Organisationen durchgeführt. Aber bei der Größe der vor uns liegenden Aufgabe bleibt für alle von uns ein reiches Betätigungsfeld offen. Wir freuen uns auf den weiteren Ideenaustausch und die gegenseitige Hilfe bei der Erfüllung unserer gemeinsamen Forderung nach *reinem Wasser*.

Literatur

1. Public Law 84-660, approved July 9, 1956, as amended. (Basic Act amended by Federal Water Pollution Control Act Amendments approved 1961, 1965, 1966 and 1970.)

2. Public Law 91–190, approved January 1, 1970, (National Environmental Policy Act of 1969).

3. U. S. Senate Bill 1013, (92nd Congress, 1st session).

4. U. S. Federal Register, 18 C. F. R. 601. 32-.36, July 2, 1970.

5. U. S. Department of the Interior, Federal Water Quality Administration, *Federal Guidelines for Design, Operation and Maintenance of Wastewater Treatment Facilities,* September 1970. (The Federal Water Quality Administration is now the Water Programs Office in the U. S. Environmental Protection Agency).

6. U. S. Environmental Protection Agency. Water Programs Office. *Cost of Clean Water. Vol I. Municipal Investment Needs,* 21 p; *Vol II. Cost Effectiveness and Clean Water,* 128 P. March 1971.

7. U. S. Environmental Protection Agency. Water Programs Office. Division of Facilities Construction and Operation. *New Waste Treatment Technology Is Available Now.* Charles L. Swanson. June 1971, 11 p. plus tables and charts. (to be published).

8. U. S. Environmental Protection Agency, Water Programs Office. *Guidelines to Water Quality Management Planning.* January 1971.

9. U. S. Federal Register. Council on Environmental Quality. *Statements on Proposed Federal Actions Affecting the Environment.* Guidelines. Vol. 36. No. 19, Part II, January 28, 1971, pp. 1398–1402.

John F. Andrews *

Wechselwirkungen zwischen Entwurf und Betrieb von Kläranlagen

Einleitung

Die Notwendigkeit dieser Arbeitstagung wird klar durch die gut bekannte, aber selten veröffentlichte Tatsache begründet, daß viele Kläranlagen in den USA mit einem viel geringeren als dem geplanten Wirkungsgrad arbeiten. Die meisten Anlagen sind im Hinblick auf Betriebsführung auf ziemlich altertümlichem Stand, wenn man sie mit industriellen Arbeitsweisen vergleicht, und grobe Fehler, wie Blähschlamm und „saure" anaerobe Faulbehälter sind all zu häufig. Über viele Betriebsprobleme wurde berichtet; Michel z. B.[1] berichtet bei 1500 Prüfungen 499 Beispiele von Betriebsstörungen auf Kläranlagen, verursacht durch Regenwasser und Infiltration, Außerbetriebnahme für Routinearbeiten und mechanische Fehler. Der Wirkungsgrad der Anlagen schwankt stark, und zwar nicht nur von Anlage zu Anlage, sondern auch von Tag zu Tag und von Stunde zu Stunde in der gleichen Anlage. Tägliche Schwankungen im BSB-Abbau von 60–95% sind nicht ungewöhnlich und Thomann[2] zeigte durch eine statistische Analyse der Ablaufwerte von acht Kläranlagen, daß diese Schwankungen von großem Einfluß auf die Wasserqualität des Vorfluters sein können.

Die Regierung der USA hat die Notwendigkeit einer größeren Beachtung der Wechselwirkung zwischen Entwurf und Betrieb von Kläranlagen erkannt. In der Botschaft Präsident Nixons an den Kongreß im Februar 1970 stellte er fest, daß „viele Anlagen schlecht entworfen und unzureichend betrieben werden"[3]. Im September 1970 übermittelte der Kontrollausschuß der USA dem Kongreß einen Bericht[4] über die Notwendigkeit, den Betrieb und die Unterhaltung städtischer Kläranlagen zu verbessern. Dieser Bericht stellt fest, daß Betriebs- und Unterhaltungsprobleme weit gestreut sind und unzureichenden Betrieb

---

* John F. *Andrews*, Environmental Systems Engineering, Clemson University, Clemson/S.C., USA.

der Anlage gebracht haben. Das Kontrollamt war der Auffassung, daß
diese Schwierigkeiten hauptsächlich auf den Mangel an qualifiziertem
Bedienungspersonal, auf unzureichende Kontrolle über industrielle Abwässer und auf einen unzulänglichen Anlagenentwurf oder auf den
Mangel entsprechender Ausrüstung zurückzuführen sind. Im September 1970 hat die Behörde, der die Wasserqualität der USA untersteht
(jetzt gehört diese Aufgabe zum Wirkungsbereich des Amtes für Umweltschutz), Richtlinien [5] für den Entwurf, Betrieb und Unterhalt von
Kläranlagen herausgegeben. Diese Richtlinien legen starkes Gewicht
auf die Notwendigkeit ausreichender Berücksichtigung des Betriebes
und Unterhaltes während des Anlagenentwufes und auf genügende
Kontrollen durch staatliche Stellen, um den Betrieb der Anlage zu verbessern. Im Mai 1971 wurden von einem Ausschuß zum Umweltschutz
öffentliche Verhandlungen [6] über Abwasserbehandlung und Technologie durchgeführt. Der Vorsitzende des Ausschusses, Senator Thomas F.
Eagleton stellte fest: „Wir wollen auch den möglichen Wert öffentlicher Beihilfen für die Betriebskosten von Anlagen als Ergänzung oder
als Ersatz der Subventionen zu den Kapitalkosten untersuchen. Das
Ziel ist die höchste Wasserqualität zu niedrigsten Preisen.“

Lösungen für diese Aufgaben können nicht von einer Gruppe allein gefunden werden, sondern müssen von einer breiten Basis her gesucht werden, der auch jene Organisationen angehören, die hier bei der
Arbeitstagung vertreten sind. Wir alle sind teilweise an der gegenwärtigen Lage schuld. Die beratenden Ingenieure sollten dem Betrieb der
Anlage beim Entwurf mehr Augenmerk schenken. Städtische Behörden
sollen die Qualität des Bedienungspersonals verbessern. Landes- und
Bundesregierungen sollten den Städten technische und finanzielle Un-
terstützung bieten. Der Studienplan des Gesundheitsingenieurs an der
Hochschule sollte eine bessere Beziehung zwischen Entwurf und Betrieb in seinem Unterrichts- und Forschungsprogramm anstreben.

Spezifische Wechselwirkungen zwischen Entwurf und Betrieb

Einige kennzeichnende Faktoren, die zur Erzielung eines guten
Gleichgewichtes zwischen Entwurf und Betrieb berücksichtigt werden
müssen, sind im folgenden angeführt.

1. Bedienungspersonal

Der Bedienungsaufwand muß durch den Entwurf auf ein Minimum festgesetzt werden, wenn angenommen wird, daß die Anlage

durch ungeschultes Personal betrieben wird oder daß Arbeitsprobleme, wie z. B. Streiks, erwartet werden können. Eine Art, die bei kleinen Anlagen häufig angewendet wird, ist die Verwendung überdimensionierter Einheiten, um die Wirksamkeit schwankenden Zuflusses auszugleichen. Doch sollte die Überdimensionierung, und daher Kapitalkosten, auf solchen Anlagen beschränkt werden wo qualifiziertes Bedienungspersonal nicht vorhanden sein wird. Bei größeren Anlagen, bei denen Arbeitsprobleme erwartet werden, sollte für Automation Vorsorge getroffen werden, so daß das Verwaltungspersonal die Anlage über eine beschränkte Zeit betreiben kann.

2. Stabilität der einzelnen Verfahren

Es ist gut bekannt, daß einige Verfahren zur Abwasserbehandlung stabiler sind als andere und daher im Betrieb weniger Aufmerksamkeit erfordern. Obwohl dieses von beträchtlicher Wichtigkeit ist, sind quantitative Vergleiche über die Stabilität verschiedener Prozesse nicht erhältlich. Zum Beispiel werden die meisten Gesundheitsingenieure die Behauptung akzeptieren, daß Tropfkörper stabiler sind als das Belebungsverfahren; es wäre aber schwierig, dies quantitativ auszudrükken. Hochschulforschung an dynamischen Prozeßmodellen könnte zum Vergleich der verschiedenen Verfahren im Hinblick auf ihre Stabilität von Nutzen sein. Verbesserte Stabilität kann durch Verbesserung der Betriebstechnik erreicht werden; auf diese Art wird die Notwendigkeit zum Überdimensionieren der Anlagenteile abnehmen.

3. Vorhandener Platz

Die Größe der Anlagenteile kann normalerweise dadurch vermindert werden, daß der Bedienungsaufwand zunimmt. Ein extremes Beispiel dieser Art zeigt die Größe von Raumschiffen, die durch die Verwendung eines weisen Kontrollsystems und erfahrenen Personals auf ein Minimum gebracht werden. Eine Verminderung der Anlagengröße durch verbesserte Bedienung würde für unsere größeren Städte von Wichtigkeit sein, bei denen Raum hoch im Kurs steht. Die Wechselbeziehung zwischen Abwasseranfall und Anlagengröße muß auch in Betracht gezogen werden. Kleinere und gut funktionierende Anlagen können häufig näher an die größeren Abwasserspender gelegt werden, und dadurch werden die Transportkosten erniedrigt.

4. Zuverlässigkeit

Es ist allgemein bekannt, daß der Durchfluß von Rohabwasser und grobe Verfahrensfehler allzu häufig auftreten. Der Einfluß von Störungen auf den Vorfluter und der gewünschte Grad der Behandlung entweder intermittierend oder kontinuierlich muß daher berücksichtigt werden. Ein höheres Maß an Zuverlässigkeit muß für eine Anlage gefordert werden, deren Ablauf in einen Vorfluter mit kleiner überschüssiger Selbstreinigungskraft eingeleitet wird, als für eine, deren Vorfluter genügend Selbstreinigungskraft besitzt. Zusätzliche Zuverlässigkeit kann entweder durch die Planung oder durch einen verbesserten Betrieb erreicht werden.

5. Finanzlage

Das Gleichgewicht zwischen Entwurf und Betrieb wird durch die Möglichkeit beeinflußt, Kapital oder Betriebs- und Unterhaltskosten zu investieren. Die Industrie zieht meist die Investition für Betrieb und Unterhalt den Kapitalkosten aus steuerpolitischen Gründen vor. Städte haben meist die Investition für Kapitalkosten den Betriebs- und Unterhaltskosten vorgezogen, da Pfandbriefe leichter zu erhalten sind als vergrößerte Betriebseinnahmen. Es ist die Meinung des Autors, daß eine Vergrößerung des Verhältnisses von Betriebs- und Unterhaltungskosten zu Kapitalkosten eine bessere Abwasserreinigung für Städte ergeben würde. Der Betrieb von Kläranlagen durch öffentliche oder private Gesellschaften, denen die Behörde Richtlinien zur Abwasserreinigung vorschreibt, könnte diese Bestrebungen unterstützen.

6. Anpassungsfähigkeit

Ein anderer Grund, warum die Industrie lieber in Betriebs- und Unterhaltskosten als in Kapitalkosten investiert, liegt in der Anpassungsfähigkeit des Entschlusses im Hinblick auf die Zeit. Wenn es technische Neuerungen bei der Abwasserbehandlung gibt, kann das Kapital für Änderungen an der Anlage verwendet werden. Diesen gleichen Vorteil hätten auch öffentliche oder private Gesellschaften, die städtische Kläranlagen betreiben. Während kurzer Zeiträume (saisonbedingt) ist es denkbar, daß Kläranlagen mit verschiedenem Wirkungsgrad betrieben werden, um sich der Selbstreinigungskraft des Vorfluters anzupassen. Physikalisch-chemische Prozesse oder biologische Prozesse denen physikalisch-chemische Prozesse folgen, würden sich einem Betrieb mit variablem Wirkungsgrad bestens anpassen und ein guter Betrieb wäre wesentlich, um diese Anpassungsfähigkeit im Wirkungsgrad der Behandlung zu erhalten.

Große Kläranlagen

Diese Arbeitstagung befaßt sich hauptsächlich mit großen Kläranlagen. Obwohl es zahlenmäßig viel mehr kleine als große Anlagen gibt, muß festgestellt werden, daß der Großteil des Abwassers in den großen Anlagen gereinigt wird. In den USA werden ungefähr 60% [8] des gesamten gereinigten Abwassers in Anlagen mit einer Kapazität von über 190.000 m³/d behandelt. Man erwartet, daß dieser Trend zu größeren Anlagen oder zu einer Zahl von kleinen Anlagen, die durch eine zentrale Stelle bedient werden, anhält, da große Anlagen pro Einheit weniger kosten. Die Verbesserung der Anlagenausführung durch größere Aufmerksamkeit auf die Bedienung ist bei großen Anlagen leichter durchführbar, da diese Fachingenieure und Wissenschaftler aufnehmen können und moderne Kontrollsysteme kaufen und unterhalten.

Leider hat die große Anzahl kleiner Anlagen und die schwierigen Betriebsprobleme die mit diesen zusammenhängen dazu geführt, die notwendige Beachtung der Wechselbeziehung zwischen Entwurf und Betrieb bei großen Anlagen zu überschatten. Viele Umweltschutzprogramme an den Hochschulen haben den Betrieb der Kläranlagen als eine zu geringe Aufgabe angesehen, die für Unterricht oder Forschung an Hochschulen nicht geeignet ist. Zukünftige Programme sollten sich für einen besseren Ausgleich zwischen Entwurf und Betrieb bemühen, um ihre Studenten auf den Betrieb von Kläranlagen vorzubereiten.

Die speziellen Erfordernisse großer Anlagen sollten auch durch die beratenden Ingenieure ausreichender erkannt werden. Viele unserer laufenden Anlagen wurden entworfen, um die Betriebserfordernisse ganz niedrig zu halten. Obwohl dies bei Anlagen, die keinen guten Betrieb haben, eine ausgezeichnete Politik ist, kann es jene benachteiligen, für die geschickte Betriebsingenieure verantwortlich sind. Auch bei den meisten größeren Belebtschlammanlagen gibt es z. B. nur drei mögliche Faktoren, auf die der Bedienungsmann Einfluß nehmen kann; nämlich (a) Rücklaufschlammenge, (b) Überschußschlamm und (c) Luftmenge. Ein intelligenter Bedienungsmann könnte nach einer stärkeren Einflußnahme trachten und würde den Betrieb ändern, um eine größere Reinigungswirkung zu erhalten. Gould [9] z. B. konnte den

Betrieb seiner Anlage dadurch verbessern, daß er die Menge und die Stelle der Abwassereinleitung an der Längsseite des Belebungsbeckens variierte. Diese zusätzliche Regelung wurde seitdem bei vielen Entwürfen angewandt.

Literatur

[1] Michel, R. L., A. L. Pelmoter, and R. C. Palange, "Operation and maintenance of municipal waste treatment plants," *Journal of the Water-Pollution Control Federation, 41*, 335, 1969.

[2] Thomann, R. V., "Variability of waste treatment plant performance", *Journal Sanitary Engineering Division, Proceedings American Society of Civil Engineers, 96*, SA3, 819, 1970.

[3] Council on Environmental Quality, *Environmental Quality*, Government Printing Office, Washington, D. C., August, 1970.

[4] Comptroller General's Office, *Need for Improved Operation and Maintenace of Municipal Waste Treatment Plants*, Report B-166506, September 1970.

[5] Federal Water Quality Administration, *Federal Guidelines Design, Operation and Maintenance of Waste Water Treatment Facilities*, September, 1970.

[6] *Clean Water Report*, Vol. 8, No. 5, p. 41, Blair Station, Silver Spring, Md., May, 1971.

[7] Rademacher, J. M., "Pollution control regulation – a problem of filling gaps", *Workshop on Design-Operation Interactions for Large Wastewater Treatment Plants*, International Association for Water Pollution Research, Vienna, Austria, September, 1971.

[8] Federal Water Pollution Control Administration, *Problems of Combined Sewer Facilities and Overflows*, Water Pollution Control Research Series, WP-20-11, 1967.

[9] Gould, R. H., "Sewage aeration practice in New York City", *Proceedings American Society of Civil Engineers, 79*, 307–1, 1953.

W. von der Emde *

Gedanken über den Entwurf von großen Kläranlagen

1. Jeder planende Ingenieur hat sich bestimmte Planungsvorstellungen erarbeitet. Ein wesentliches Ziel unserer Arbeitstagung ist es, durch den Austausch von Betriebserfahrungen, Versuchsergebnissen und Planungsideen unsere eigenen Planungsvorstellungen zu überprüfen.

2. Jede Planungsvorstellung ist an bestimmte Voraussetzungen gebunden, die von Land zu Land unterschiedlich sind. Folgende Voraussetzungen halte ich für unser Land für bestimmend:

2.1 Zukünftig steigende Anforderungen an den Reinigungsgrad

Große Städte sind Schwerpunkte von Gewässerverunreinigungen. Es ist deshalb sinnvoll besonders hier das Abwasser sehr weitgehennd zu reinigen. Zur Zeit wird in vielen kleineren Anlagen (z. B. Oxidationsgräben) das Abwasser besser gereinigt als in großen Anlagen.

Auch aus Kostengründen ist es sinnvoll bei Großanlagen höhere Anforderungen zu stellen. So betragen die Gesamtkosten aus Bau (Kapitaldienst 8%) und Betrieb bei gleichem Reinigungsgrad (End-BSB$_5$ 25 mg/l) und österreichischen Preisverhältnissen für Städte mit

$$20.000 \text{ E etwa } 4,- \text{ \$/E.a}$$
$$200.000 \text{ E etwa } 2,- \text{ \$/E.a}$$
$$2,000.000 \text{ E etwa } 1,5 \text{ \$/E.a}$$

2.2 Steigende Lohnkosten

Im letzten Jahrzehnt sind in vielen Ländern die Lohnkosten erheblich angestiegen (z. B. Lohnkosten für Klärwärter in der Bundesrepublik um das 1,8-fache).

* W. *von der Emde:* Technische Hochschule Wien, A-1040, Karlsplatz 13.

Es ist damit zu rechnen, daß die Lohnkosten auch weiterhin steigen werden.

Die Lohnkosten wirken sich auf die zukünftigen Baukosten einschließlich maschineller Einrichtungen, besonders aber auf die Betriebskosten aus.

2.3 Steigende Verknappung von Facharbeitskräften

Bei der angespannten Lage auf dem Arbeitsmarkt ist es bereits heute schwer qualifizierte Facharbeiter für Kläranlagen zu bekommen Vermutlich wird es zukünftig noch schwerer sein mit der Industrie Schritt zu halten.

2.4 Relativ gleichbleibende Stromkosten

Die Stromkosten sind im letzten Jahrzehnt relativ gleichgeblieben.

3. Aus diesen Voraussetzungen ergaben sich an Folgerungen:

3.1 Steigende Anforderungen erfüllbar durch:

a) maximale Ausnutzung vorhandener Technologien z. B. durch schwachbelastete biologische Verfahren
b) neue Technologien z. B. Ersatz der biologischen Reinigung durch chemisch-physikalische Verfahren
c) Kombination vorhandener und neuer Technologien z. B. Akrivkohlebehandlung nach biologischer Reinigung.

Daneben muß durch sorgfältige Betriebsführung ein Optimum mit der vorhandenen Anlage erreicht werden. Gute Dienste wird dabei eine laufende Registrierung der Wassergüte des Ablaufes leisten. Dabei erscheint mir aus psychologischen Gründen eine digitale Anzeige des TOC-Wertes des Ablaufes in der Meßwarte besonders nützlich. Der TOC hat den Vorteil, daß er im gereinigten Abwasser recht gut mit dem gebräuchlichen BSB_5 übereinstimmt (z. B. TOC = 15 mg/l-BSB_5 = 10–15 mg/l). Derartige automatische Analysengeräte sollten bereits in der Planung berücksichtigt werden. Die Anschaffungskosten stehen beim Bau von Anlagen über 100.000 E in keinem Verhältnis zu den sonstigen Baukosten. Ist der Bau abgeschlossen ist eine Finanzierung oft schwierig.

3.2 **Steigende Lohnkosten** (bzw. **Bau- und Betriebskosten**) **können gemildert werden durch:**

a) wenige und möglichst große Einheiten für Becken, Behälter und Maschinen. Dabei sollten möglichst einfache Bauformen, wie glatte Wände und ebene Sohle verwendet werden. Bei wenig Einheiten ergeben sich auch wenig verbindende Leitungen mit dafür großem Profil.
Zum Beispiel sind für die Großkläranlage Wien für 2,5 Mio EG (Abb. 1) nur 4 Belebungsbecken mit je 10.000 m³ Inhalt ($l = 84$ m; $b = 48$ m und $t = 2,5$ m) vorgesehen. Durch den geringen Wandanteil betragen die Einheitskosten bei heutigem Preisniveau 22,– \$/m³. Sinngemäß gilt dies auch für andere Beckenteile.

b) wartungsarm planen. Wenige, möglichst große Einheiten erleichtern den Betrieb. Der Betrieb wird übersichtlicher und narrensicherer. Sind z. B. nur zwei Rücklaufschlammkreisläufe vorhanden, so braucht auch nur an zwei Stellen Überschußschlamm abgezogen werden. Wenige Einheiten vermindern auch die Reinigungsarbeiten. Zur Förderung von Rohabwasser sind z. B. Schneckenpumpen wartungsarm.

3.3 **Der steigenden Verknappung von Facharbeitskräften kann begegnet werden durch:**

a) Ersatz von Fachkräften durch Computer z. B. für
Steuerung von Betriebsvorgängen
Erfassung von Betriebsdaten
analytische Überwachung durch kontinuierliche Analysengeräte
Überwachung von Maschinen
Betriebsprogramm für Überholung und Wartung,
wobei die Wartung des Computers selbst durch die Lieferfirma erfolgt.

b) Wenn ein Computer auf einer Kläranlage eingesetzt wird, darf der Computer nicht zum Selbstzweck werden. Mit der Zahl der Meß- und Regelorgane wächst auch die Störungsanfälligkeit. Um die Störungsquellen einzuschränken, sollten möglichst wenig Regelungs- und Steuerungsvorgänge vorgesehen werden. Zum Beispiel lassen sich Abwassermengen unter Beachtung der

SCHLAMMBEHANDLUNG
BETRIEBSGEBÄUDE
PUMPSTATION
RECHENHAUS
SANDFANG
RAUM FÜR ERWEITERUNG
VORKLÄR-
BECKEN
BELEBUNGS-
BECKEN
NACHKLÄR-
BECKEN
ENERGIERÜCKGEWINNUNG
HAUPTKLÄRANLAGE
WIEN-SIMMERING
2'5 MIO EWG

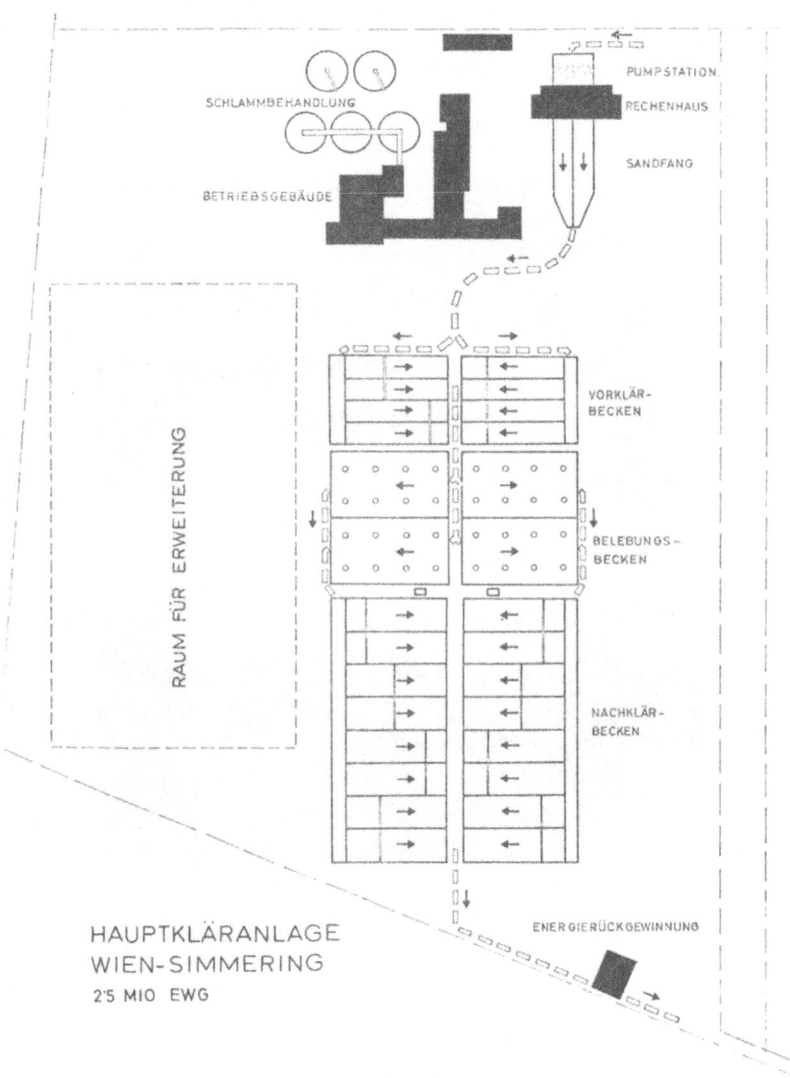

Abb. 1

Abb. 2: Kläranlage Wien-Blumental
Endausbau 300.000 Einwohnergleichwerte

20

hydraulischen Gesetzmäßigkeiten selbsttätig, ohne Schieber und Regelorgane, für den praktischen Betrieb genau genug, auf verschiedene Becken aufteilen.

Langsam verlaufende Reaktionen, z. B. schwachbelastete Belebungsanlagen und Schlammfaulanlagen sind vorteilhaft in bezug auf einen störungsarmen Betrieb bei der Steuerung. Der Klärprozeß sollte daher so geplant werden, daß möglichst wenig Eingriffe erforderlich sind (Abb. 2).

Die Mindesteingriffe sind: Sauerstoffzufuhr und Überschußschlammabzug beim Belebungsbecken und der Abzug des Frischschlamms aus den Voreindickern (weitere Schritte sind abhängig von der Schlammbehandlung).

3.4 **Den relativ gleichbleibenden Stromkosten kann entsprochen werden:** daß wo erreichbar, menschliche Arbeitskraft durch elektrische Energie ersetzt wird, z. B. programmgesteuerte Druckluftheber zur Frischschlammentfernung, einfacher Faulbehälterbetrieb durch intensive Gasmischung, belüftete Quergerinne vor den Absetzbecken. Energieintensive Verfahren, z. B. schwachbelastete Belebungsanlagen werden begünstigt. Anlagen zur Eigenstromerzeugung sollten in bezug auf den volkswirtschaftlichen Wert und den einfachen Betrieb in jedem Einzelfall überprüft werden.

Rolf Kayser *

Erarbeitung von Bemessungs-Grundlagen

Zur Ermittlung der Grundwerte für die Erweiterung einer Kläranlage in Norddeutschland wurden von Juni bis Oktober 1963 Untersuchungen durchgeführt. Die Anlage bestand aus Vorklärbecken, Tropfkörper und Nachklärbecken. Der Schlamm wurde in Poldern abgelagert. An die Anlage waren angeschlossen eine Stadt mit rd. 45.000 Einwohnern, ein chemisches Werk für die Produktion von Bioziden und eine Gemüsekonservenfabrik. Die Kanalisation ist nach dem Trennsystem angelegt.

Zur Aufstellung der typischen Ganglinie des Abwasseranfalles wurden für jede Tagesstunde der gesamten Untersuchungsperiode die Mittelwerte und die Standardabweichung des Abwasseranfalles bestimmt. Auf Abb. 1 (oben) ist stark ausgezogen die Mittelwertkurve und darüber und darunter die Verbindung der Standardabweichungen dargestellt.

Die täglichen gesamten Abwassermengen sind auf Abb. 1 (unten) im Wahrscheinlichkeitspapier dargestellt. Im Mittel fielen 6300 m³/d an, die Standardabweichung betrug 500 m³/d.

Von mengenproportionalen Proben aus dem Ablauf der Vorklärung wurde der BSB_5 bestimmt. Der BSB_5 und die BSB_5-Fracht sind ebenfalls im Wahrscheinlichkeitspapier auf Abb. 2 gezeichnet. Der BSB_5 lag im Mittel bei 275 mg/l, (Standardabweichung 105 mg/l) die Frachten betrugen im Mittel 2000 kg/d (500 kg/d).

Um Belastungsspitzen zu berücksichtigen, entschieden wir uns dafür, als Ausgangsdaten Mittelwert plus Standardabweichung zugrundezulegen. Das heißt, daß nur an 16% der Tage die Belastung höher ist als der Bemessungswert.

---

* Rolf *Kayser:* Institut für Stadtbauwesen, TU Braunschweig, Pockelstraße 4, D-33 Braunschweig, FRG.

ABWASSERABFLUSS
VERTEILUNG ÜBER DEN TAG
140
(l/s)
102 l/s
100
80
60
49 l/s
40
20
0
0
0   4   8   12   16   20   24
(h
WAHRSCHEINLICHKEIT
99
(%)
90
70
50
30
10
1
500 m³/d
AVG. 6300 m³/d
(m³/d)   5000   6000   7000   8000

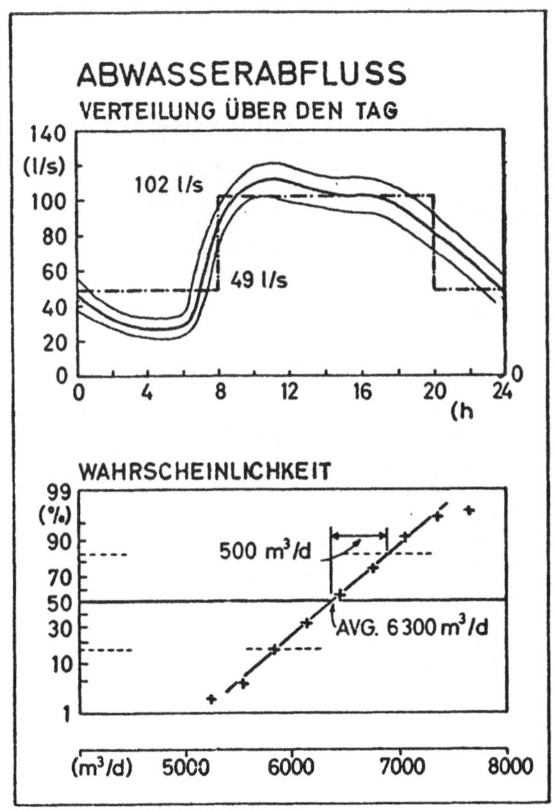

Abb. 1

BSB NACH VORKLÄRUNG
WAHRSCHEINLICHKEIT DER KONZENTR.
99
(%)
90
70
50
30
10
1
105 mg/l
AVG. 275 mg/l
0   100   200   300   400   500
(mg/l BOD)
WAHRSCHEINLICHKEIT
DER BSB-TAGESFRACHT
99
(%)
90
70
50
30
10
1
500 kg/d
AVG. 2000 kg/d
(kg/d) 1000   2000   3000

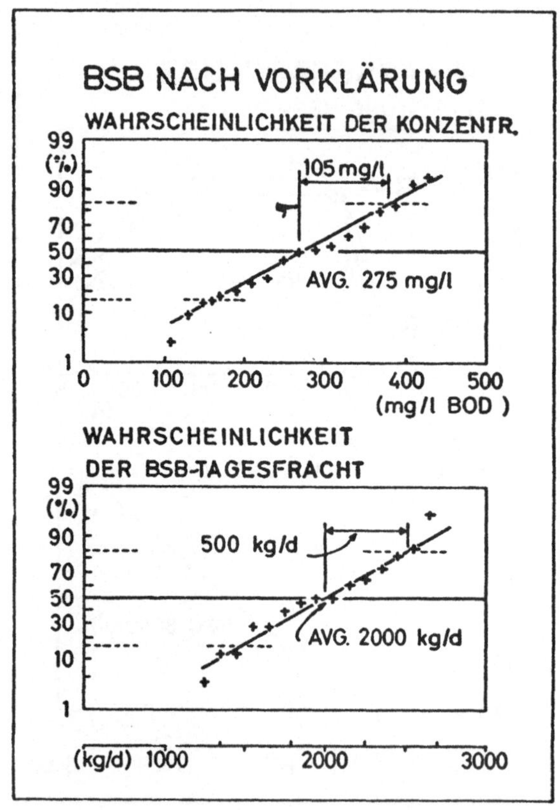

Abb. 2

Der zukünftige Anstieg von Abwasseranfall und Belastung wurde
mit 3% pro Jahr berücksichtigt. Bei einem Ausbauziel von 20 Jahren
würde die Belastung um 80% ansteigen. Die Zunahme während der 8
Jahre von 1963 bis 1971 würde 27% betragen. Die wichtigsten Zahlen
sind in der folgenden Tabelle zusammengestellt.

		1963	1971	1983
Abwasseranfall				
Mittel	(m³/d)	6.300	8.000	11.300
Mittel + Stand. Abw.	(m³/d)	6.800	8.600	12.000
BSB$_5$-Fracht				
Mittel	(kg/d)	2.000	2.500	3.600
Mittel + Stand. Abw.	(kg/d)	2.500	3.200	4.500

Als Grundwerte für die Planung ergeben sich ein Abwasseranfall
von 12.000 m³/d und eine BSB$_5$-Fracht von 4500 kg/d. Die Anlage
wurde endgültig ausgelegt für 15.000 m³/d, einen Durchfluß in den
Tagesstunden von 260 l/s und 4500 kg BSB$_5$/d. Der Entwurf für die Erweiterung wurde im März 1969 eingereicht, die erweiterte Anlage wurde Anfang 1971 in Betrieb genommen. Eine Prinzipskizze ist in Abb. 3
dargestellt. Das Abwasser wird in einer Pumpstation gehoben, durchfließt Rechen, belüfteten Sandfang, Vorklärung, Belebungsbecken und
Nachklärung. Der Abfluß von der Nachklärung wird bis zu 400 m³/h
über die vorhandene Tropfkörperanlage geleitet.

Im Sommer 1971 wurden Untersuchungen zur Ermittlung der Leistung der Anlage durchgeführt. Während zweier Perioden vom
19. April bis 4. Mai und vom 16. Juni bis 7. Juli wurden folgende Werte
gemessen:

	19. April–4. Mai		16. Juni–7. Juli	
	Abw. Menge m³/d	BSB$_5$-Fracht kg/d	Abw. Menge m³/d	BSB$_5$-Fracht kg/d
Mittel	9.400	4.050	10.400	6.700
Max.	10.400	5.280	13.200	8.700
Min.	8.900	2.750	8.300	3.500

Die höheren Belastungen während des zweiten Abschnittes sind
auf die Abwässer der Gemüsekonservenfabrik zurückzuführen, welche
etwa in der Zeit vom 15. Juni bis Ende September arbeitet. Die Zahlen

ZUM VORFLUTER
R.S. PUMPE
0 20 40 m
NACHKLÄRBECKEN
BELEBUNGSBECKEN
TROPFKÖRPER
ABSETZBECKEN
VORKLÄR-
BECKEN
PUMPST.
SCHLAMMFILTER- UND
BETRIEBSGEBÄUDE
SANDFANG
RECHEN+
PUMPST.
VON DER STADT

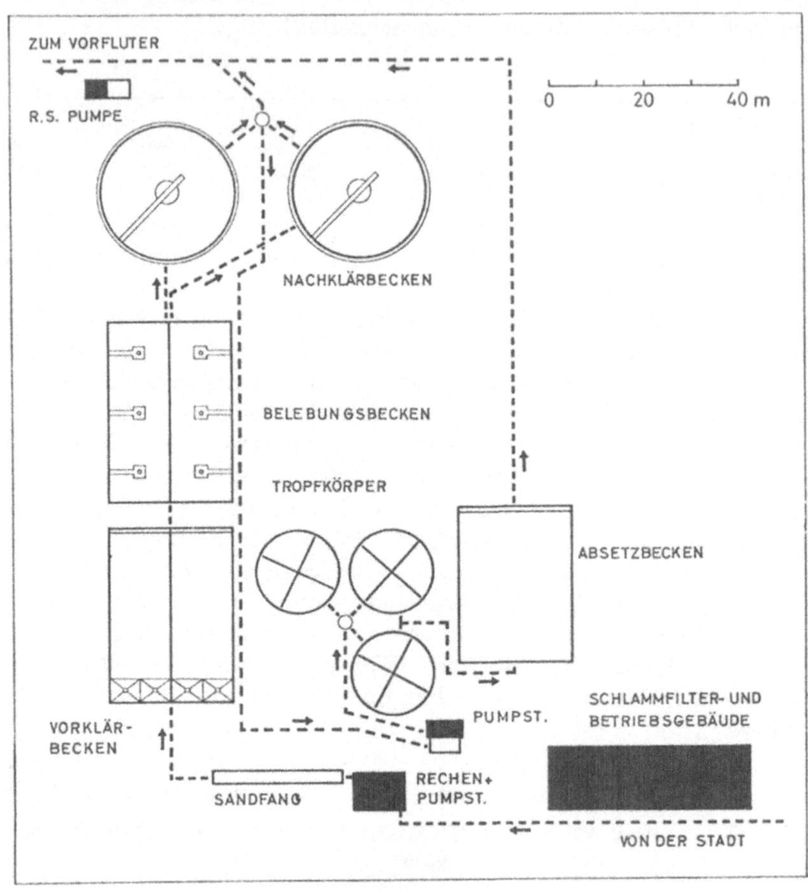

Abb. 3

lassen erkennen, daß die Anlage überlastet worden ist. Der BSB₅-
Abbau lag bei 70–80%.

Rückfragen beim Chemiewerk und der Konservenfabrik ergaben,
daß die Belastung seit 1963 stetig gestiegen sein muß, allerdings mit
mehr als 3% pro Jahr. Auf der Kläranlage konnte der Anstieg der Belastung gar nicht festgestellt werden, weil nach 1963 keine Untersuchungen mehr erfolgten.

Empfehlung: Laufende Untersuchungen des Abwassers sind durchzuführen und auszuwerten. Wenn der Zeitraum zwischen Festlegung
der Entwurfsgrundlagen und dem Bau der Anlage größer ist als 5
Jahre, müssen die Entwurfsgrundlagen eventuell modifiziert werden.

Satoru Tohyama *

Grundprobleme beim Entwurf großer Kläranlagen
Kläranlage Arakawa

Einleitung

Der Bezirk Saitama liegt nördlich der Hauptstadt Tokyo. Auf Grund der geographischen Lage und der Durchführung eines Regionalentwicklungsplanes zeigt dieser Bezirk eine sehr starke Bevölkerungsentwicklung. Die Zuwachsrate ist einer der höchsten in Japan. Besonders am linken Ufer des Ara-Flusses, zwischen den Städten Kawaguchi im Süden und Kumagaya im Norden, kam es in der letzten Zeit zu einer sehr starken Erschließung dieses Gebietes. Es entwickelte sich so zum politischen und wirtschaftlichen Zentrum der Region Saitama.

Eine solche Beschleunigung der städtischen Entwicklung ist fast immer mit einem Nachstehen der Ausgaben für die notwendige städtische Versorgung und Entsorgung verbunden. Besonders die Entsorgung, und innerhalb dieser wieder der Bau von Abwasserkanälen, sind von solchen Erscheinungen betroffen. Verantwortlich für den Bau von Kanalisationsnetzen war in Japan bis vor kurzem die jeweilige Gemeinde. Nun ist es jedoch von der Topographie und der Erschließung von Siedlungsgebieten her schwer, wenn die Gemeinden Entwurf und Bau von Kanalisationen selbständig durchführen, ohne aufeinander Rücksicht zu nehmen. Außerdem spielen die Probleme der politischen Grenzen und die unabhängig von diesen vor sich gehenden Erschließungsvorgänge eine Rolle.

Die Verzögerung der Verbesserung der Kanalisationssysteme führt dazu, daß häusliche und industrielle Abwässer dieses Gebietes nach wie vor ohne Reinigung in den Ara-Fluß geleitet werden und diesen verschmutzen. Das Wasser des Ara-Flusses wird nach wie vor noch zur Trinkwasserversorgung von Tokyo und des Bezirks Saitama verwendet.

* Satoru *Tohyama:* Association of Ara-river Basin-wide Sewage Works, 48, 1-Chome, Nishihara, Shibuya-ku, Tokyo, Japan.

Im Einzugsgebiet des Ara-Flusses sind 15 Kläranlagen geplant. Einige von diesen sind schon in Betrieb, aber es verbleiben noch viele Gebiete, die nicht durch solche Anlagen erfaßt werden.

Um den Ara-Fluß vor Verunreinigungen zu schützen und die Wasservorkommen in ihrer Güte zu erhalten, wären Abwasserverbände notwendig.

Die letzte Gesetzesreform auf dem Gebiete des Gewässerschutzes übertrug die maßgebenden Befugnisse von den Gemeinden an überregionale Verbände. Die Verwaltung des Bezirkes Saitama beschloß, die überregionale Entsorgung der vier topographischen Becken entlang des Ara-Flusses durchzuführen. Für den Anfang wurde das Becken links des Ara-Flusses von den für den Bezirk Verantwortlichen ausgesucht und es wurde ein „Ara-Verband" gegründet. Mit den maßgebenden Arbeiten wurde 1966 begonnen.

Der Beitrag soll die Umrisse der Planungen, die vom „Ara-Verband" bewältigt werden müssen, aufzeigen. Im speziellen wird er auf den Entwurf von Großkläranlagen und die mit ihnen verbundenen Probleme eingehen.

Abwasserplan der Ara-Flußregion

Der „Ara-Verband" beabsichtigt, ein Abwasserleitungs- und -reinigungssystem zu entwerfen, welches 8 Städte innerhalb der linksufrigen Region des Flusses umfaßt.

Das Einzugsgebiet umfaßt 200 km² und ist von 2 Millionen Menschen bewohnt. Das gesamte Abwasser dieses Gebietes soll auf einer Kläranlage gereinigt werden.

Gemäß dem Rahmenplan zur Abwasserableitung soll der Hauptsammelkanal bei Mischkanalisation auf die dreifache größte stündliche Trockenwettermenge, und im Falle einer Trennkanalisation auf die größte stündliche Trockenwettermenge ausgelegt werden.

Tabelle 1

	Mittlerer Trockenwetterabfluß	Größter mittlerer Trockenwetterabfluß	Größte zu erwartende Spitze
Häusl. Abwasser	360 l/E. d	500 l/E. d	620 l/E. d
Industrieabwasser	90 m³/ha . h	–	130 m³/ha . h

Die Menge des zu erwartenden Abwasseranfalles wurde für häusliches als auch industrielles Abwasser getrennt ermittelt. Für das häusliche Abwasser wurden die zu erwartenden Wasserverbrauchsziffern eingesetzt. Die Werte sind in Tabelle 1 enthalten.

Die Abwasserreinigungsanlage Arakawa

Die Hauptaufgabe des „Ara-Verbandes" ist die Vorbeugung gegen die Verschmutzung des Ara-Flusses und die Erhaltung einigermaßen sauberer Wasservorkommen. Das Abwasser dieses Gebietes muß sehr sorgfältig gereinigt werden und darf nur, hohen Qualitätsanforderungen genügend, in den Fluß eingeleitet werden. Um dieses Ziel zu erreichen, wurden neueste technische Errungenschaften bei der Planung der Kläranlage Arakawa angewendet.

Als Reinigungsverfahren wurde das Belebtschlammverfahren gewählt. Die Kläranlage Arakawa ist durch die folgenden Punkte charakterisiert:

1. Errichtung von Vorbelüftungsbecken.
2. Aufteilung der Kläranlage in kleinere Einheiten.
3. Zusammenbau der Becken in eine Baueinheit, um auf diese Weise mit möglichst geringen hydraulischen Verlusten rechnen zu können; möglichst gleichmäßige Verteilung der Abwassermenge auf diese Becken.
4. Ein Achtel der Einheit wird als Steuereinheit verwendet.
5. Anordnung von Regenbecken (können eventuell auch als Absetzbecken eingesetzt werden).
6. Einteilung in eine Regeleinheit und Steuerung der ganzen Anlage durch Anwendung einer digitalen Rechenanlage.

Abbildung 1 zeigt den Lageplan der Kläranlage Arakawa. Es sind im allgemeinen Abwasserreinigungsteil 8 Einheiten zu erkennen. Jede dieser 8 Einheiten ist in sechs weitere unterteilt; insgesamt sind also 48 „Straßen" vorhanden, die nach den Verfahren Vorbelüftung – Vorklärung – Belebung – Nachklärung arbeiten. Eine solch große Aufteilung in Reinigungsstränge wurde durchgeführt, da so die Sicherheit der Anlage bei Ausfall einer Straße höher ist, als wenn wesentlich weniger Stränge vorhanden wären. Außerdem ist die Überlastung, die den verbliebenen Straßen zugemutet werden muß, um einiges geringer, als im Falle einer kleineren Zahl an Strängen.

Abb. 1: Systemskizze der Abwasserreinigungsanlage von Arakawa

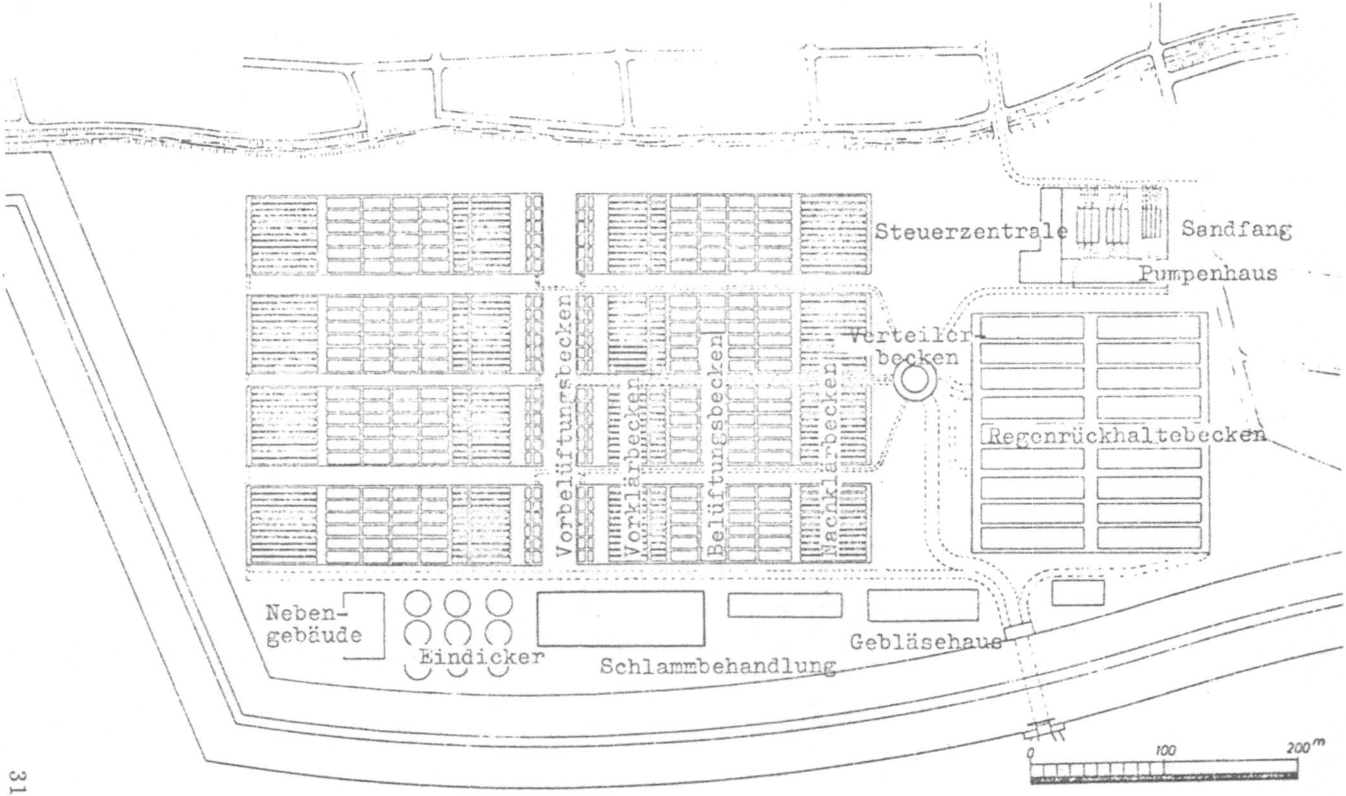

Eine solche Anordnung wird mit einem sehr wesentlichen Problem erkauft, dessen einwandfreie Lösung schwierig ist; es ist dies die einwandfreie hydraulische Beschickung der einzelnen Stränge. Eine Aufteilung mit Schützen funktioniert nicht; bei der Kläranlage Arakawa wurde jede Zuleitung mit elektro-magnetischer Durchflußmessung und Schiebern ausgestattet. Durch eine solche Anordnung kann die gesamte Abwassermenge gleichmäßig auf die entsprechenden Becken aufgeteilt werden.

Wie schon erwähnt, wird ein Achtel der Gesamtanlage zur Steuerung der übrigen Anlage herangezogen. Bei diesem Steuerteil wird der Rücklaufschlamm und die Druckluft mengenmäßig ermittelt und durch Öffnen und Schließen von Schiebern geregelt. Neben diesen Regeleinrichtungen sind im Steuerteil Feldinstrumente wie z. B. Sauerstoffsonden und pH-Meter an den wichtigen Punkten angeordnet; Wasserproben des Steuerteiles werden ständig an das Labor auf der Kläranlage gesandt und sofort untersucht, um eine möglichst gute Reinigungswirkung zu gewährleisten.

Die vorhin genannte Steuerung der Mengenaufteilung, aber auch die Aufzeichnung der Meßdaten, sowohl jener von den Becken als auch aus dem Labor, soll mit Hilfe einer digitalen Rechenanlage durchgeführt werden.

Auf die Bauweise und die hydraulischen Eigenschaften wurde schon kurz eingegangen. Ergänzend ist hinzuzufügen, daß durch die Aufteilung in so viele Stränge, die in sich keine Regelorgane aufweisen, Baukosten für die Regelorgane (Schützen etc.) gespart werden können, die hydraulischen Verluste so gering als möglich gehalten werden und damit erhebliche Einsparungen an Pumpkosten erzielbar sind.

Vorbelüftungsbecken wurden aus den folgenden Überlegungen heraus gewählt: 1. das Einzugsgebiet der Kläranlage Arakawa ist sehr groß, und das Abwasser erreicht die Anlage in einem angefaulten Zustand; 2. das Schlammwasser der Schlammbehandlung wird der Abwasserreinigungsanlage zugeführt. Durch eine Vorbelüftung können die Abbaueigenschaften des Gesamtabwassers verbessert werden.

Der größte Zufluß zur Kläranlage Arakawa wurde auf den dreifachen größten stündlichen Trockenwetter-Abwasseranfall ausgelegt. Das Reinigungsvermögen wurde auf die größte stündliche Trockenwettermenge festgelegt. Alle jene Wassermengen, die größer als die Entwurfswassermenge sind, werden in Regenklärbecken gespeichert. Sie

werden nach dem Regen der Kläranlage zur Reinigung zugeführt. Der
in dem Regenklärbecken abgesetzte Schlamm wird an die Schlammbehandlung weitergegeben.

Es muß soviel Abwasser als möglich gereinigt werden, da der Abfluß im Arafluß klein ist und sehr bald unterhalb der Kläranlage in die
Bucht von Tokyo mündet. Bekanntlich gehen Abbauvorgänge in Estua-
rien langsam vor sich und die Vermischung mit dem Meerwasser ist gering.

Obwohl alle neueren bekannten technischen Errungenschaften und
etliche eigene spezielle Entwurfsgedanken beim Bau der Kläranlage
Arakawa zur Anwendung kamen, ist dieses Reinigungsverfahren bei
weitem noch nicht perfekt. Viele technische Fragen und auch andere
Probleme der Abwasserreinigung sind noch nicht restlos geklärt. Weitere Forschungen und Überlegungen auf diesem Gebiet sind ohne
Zweifel noch notwendig.

E. Sickert *

Großpumpwerke

In den letzten Jahren entwickelte Einkanalradpumpen mit erheblich vergrößerter Leistung erlauben es jetzt, vollautomatisch arbeitende Abwasserpumpwerke mit einer Leistung bis zu 1,5 m³/s ohne Rechenanlage oder Vorkammer zu bauen und zu betreiben. Pumpwerke für kleinere Fördermengen werden bereits seit fast zwei Jahrzehnten nach diesem Prinzip gebaut und haben sich besonders hinsichtlich Betriebssicherheit und Wartungsaufwand gut bewährt. Von den 93 hamburgischen ohne Besetzung arbeitenden Abwasserpumpwerken sind insgesamt 59 mit Einkanalradpumpen ausgestattet. Inspektion, Wartung, Reparatur und Unterhaltung der über das ganze Stadtgebiet verstreuten Anlagen erfolgt durch einen 78 Mann starken Mitarbeiterstab.

Für größere Förderleistungen, d. h. für Abwassermengen über 1,0 bis 1,5 m³/s, kommen Schraubenradpumpen in Frage. Schraubenradpumpen sind Kreiselpumpen mit halbaxialem Laufrad und gekrümmten Schaufeln. Sie weisen einen günstigeren Wirkungsgrad als Einkanalradpumpen auf, eignen sich besser für einen Parallelbetrieb und die Leistung je Pumpe liegt erheblich über der größten z. Zt. angebotenen Einkanalradpumpe. Sie erfordern jedoch bei Abwasser das Vorschalten der Rechen.

Muß das Abwasser nicht in eine Druckrohrleitung gefördert, sondern kann es unmittelbar in einen höheren Kanal gehoben werden, wie es auf Klärwerken meist der Fall ist, sind in der Regel – auch für große Fördermengen – Schneckenpumpwerke vorteilhafter als Pumpwerke mit Kreiselpumpen. Schneckenpumpwerke zeigen betrieblich u. a. folgende Vorteile:

Kontinuierlicher Betrieb, d. h. die Förderung paßt sich ohne zusätzliche Regelung dem Zulauf an – das Zu- oder Abschalten einer

---

* E. *Sickert:* Baubehörde Hamburg – Stadtentwässerung, Neuer Wall 72, D-2 Hamburg 36, BRD.

PUMPWERK / PUMPINGSTATION KÖHLBRANDHÖFT

Schneckenpumpen / Screwpumps

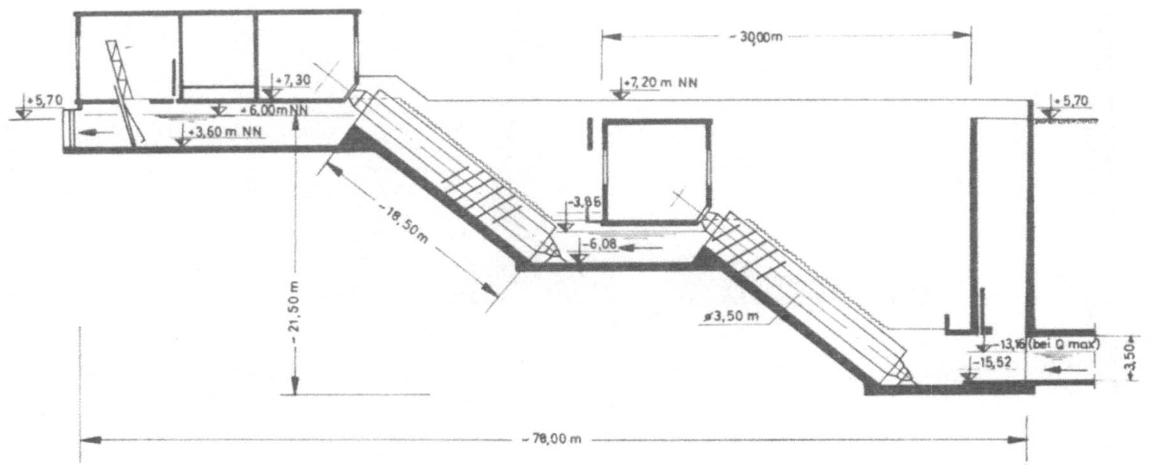

<u>PUMPWERK / PUMPINGSTATION KÖHLBRANDHÖFT</u>

Kreiselpumpen / Centrifugalpumps

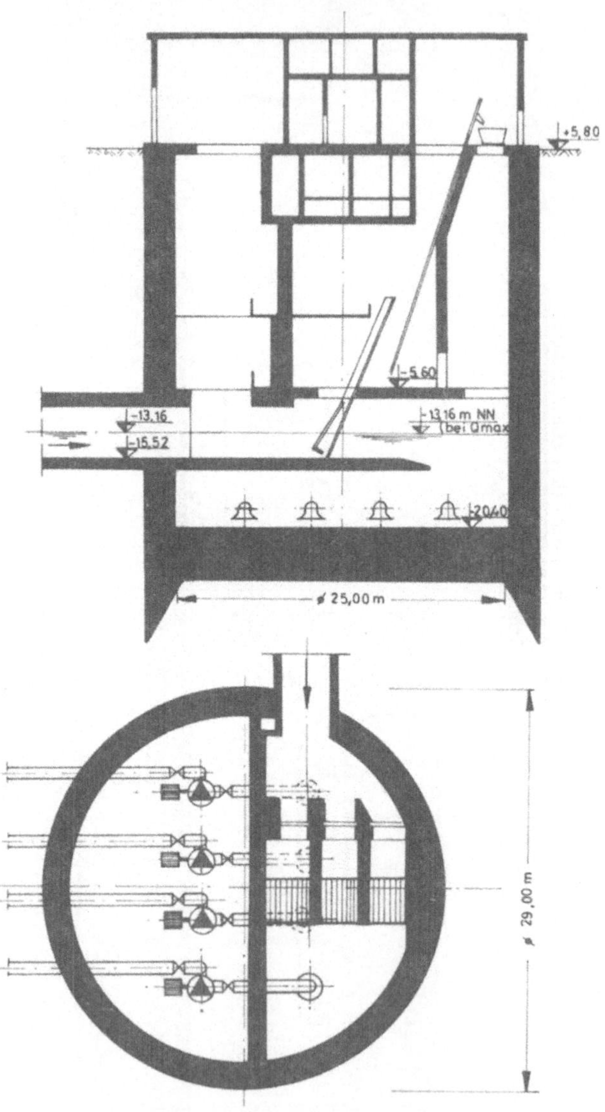

zweiten und ggf. dritten Schnecke ausgenommen – wobei sich der Wirkungsgrad der Schneckenpumpe nur wenig ändert.

Vor der Pumpe sind weder Rechen noch Sandfang erforderlich; ohne Schaden werden alle Grobstoffe, auch Sand und Steine gefördert.

Geringer Verschleiß durch geringe Drehzahl, geringe Reparaturanfälligkeit; Schäden sind leicht und rechtzeitig zu erkennen; wartungsarm.

Den beiden Hamburger Großklärwerken „Köhlbrandhöft" und „Stellinger Moor" wird – wie das anderswo ebenfalls die Regel ist – das Abwasser über Pumpwerke zugeführt. Während das Pumpwerk für

Tabelle 1

Daten der Pumpwerke Hafenstraße und Stellinger Moor

	PW Hafenstraße	**PW Stellinger Moor**
Inbetriebnahme	1958	1965
Mittlere Fördermenge z. Zt.	370.000 m³/d	40.000 m³/d
Max. Fördermenge	7 m³/s	1,6 m³/s
Max. Fördermenge	600.000 m³/d	138.000 m³/d
Förderhöhe	16 m (Maximum)	7,65 m
Ausstattung	Schraubenradpumpen	Schneckenpumpen
	1 Stück à 3,0 m³/s	2 Stück à 0,8 m³/s
	2 Stück à 2,5 m³/s	
	1 Stück à 1,5 m³/s	
Belegschaft	33 Mann	3 Mann
Baukosten (Wiederbeschaffungswert)	5,100.000 DM	1,160.000 DM
davon für Maschinen	1,440.000 DM	550.000 DM
Betriebskosten	1,350.000 DM/a	110.000 DM/a
davon Personalkosten	580.000 DM/a	52.000 DM/a
Energiekosten	520.000 DM/a	46.000 DM/a
Sachkosten	250.000 DM/a	12.000 DM/a
davon für Pumpen	130.000 DM/a	6.000 DM/a

„Köhlbrandhhöft", das „Pumpwerk Hafenstraße" durch die Elbe vom Klärwerk getrennt ist (1,7 km lange Druckrohrleitung), befindet sich das Pumpwerk für „Stellinger Moor" auf dem Klärwerksgelände.

Das „Pumpwerk Hafenstraße" ist mit 4 Kreiselpumpen ausgerüstet, denen 4 Rechen mit 60 mm Spaltweite, 4 Rechenwölfe mit 15 mm Spaltweite und 2 Rundsandfänge vorgeschaltet sind. Für das Pumpwerk in „Stellinger Moor" wurden hingegen 2 Schneckenpumpen gewählt, denen 2 Rechen mit 25 mm Spaltweite und 2 Langsandfänge folgen. Wegen der erwiesenen höheren Betriebsanfälligkeit und den damit verbundenen Störungsmöglichkeiten muß das „Pumpwerk Hafenstraße" ständig besetzt sein. Im Gegensatz dazu kann auf „Stellinger

Moor" die Betreuung des Pumpwerkes durch das Klärwerkspersonal im Rahmen der übrigen Aufgaben wahrgenommen werden. Die wichtigsten Daten der beiden Pumpwerke sind in Tabelle 1 zusammengestellt. Die Kostenangaben in dieser Zusammenstellung beziehen sich in beiden Fällen auf Pumpwerk einschließlich Rechen- und Sandfanganlage. Es fällt auf, daß der personelle und finanzielle Aufwand beim „Pumpwerk Hafenstraße" wesentlich höher als in „Stellinger Moor" ist. Das liegt einerseits an der größeren Anfälligkeit der Kreiselpumpen einschließlich der damit verbundenen Steuerungseinrichtungen, andererseits an der aufwendig zu betreibenden Rechenanlage (Rechenwölfe). Für die Pumpanlage betragen die jährlichen Kosten für eigenes Personal) 9% vom Wiederbeschaffungswert der gesamten maschinellen Anlage. Die gesamten Sachkosten betragen dagegen 17,3%. Die entsprechenden Werte für das Pumpwerk „Stellinger Moor" sind dagegen mit 1,1% und 2,2% weit günstiger.

Neben diesen offensichtlichen wirtschaftlichen Vorteilen konnten nicht nur beim Abwasserpumpwerk „Stellinger Moor", sondern auch bei den übrigen Schneckenpumpwerken auf den hamburgischen Klärwerken, insbesondere für die Rücklaufschlammförderung, die zu Beginn erwähnten Vorzüge festgestellt werden. Dabei wird als besonders vorteilhaft der ausgesprochen geringe Aufwand für Wartung, Unterhaltung und Reparatur angesehen. Bei der angespannten Personallage ist dies von besonderem Wert.

Die sehr positiven Erfahrungen mit Schneckenpumpen ließen es angeraten sein zu untersuchen, inwieweit für ein auf dem Klärwerk Köhlbrandhöft für eine Förderleistung von maximal 10 m³/s zu bauendes Pumpwerk Schneckenpumpen trotz der zu erwartenden ungewöhnlichen Abmessungen in Frage kommen können. Aufgabe des neuen Pumpwerkes ist es, das in einem tiefliegenden Sammler zufließende Abwasser (Sohle −15,90 m NN) auf das Niveau des Klärwerkes (+5,70 m NN) zu heben, d. s. rd. 21 m. Ursprünglich waren in der Planung Schneckenpumpen nicht in Betracht gezogen worden, da Schneckenpumpwerke für derart große Leistungen und Förderhöhen unseres Wissens bisher nicht gebaut wurden. Der Wirtschaftlichkeitsnachweis ist in Tabelle 2 für zwei der untersuchten Möglichkeiten aufgeführt, nämlich für:

1. ein rundes Bauwerk (statisch und gründungstechnisch günstig) mit Kreiselpumpen und davor angeordneten Rechen und

2. ein zweistufiges rechteckiges Pumpwerk mit Schneckenpumpen, Länge jeweils 18,5 m, Durchmesser 3,5 m mit dahinter angeordneten Rechen.

Die Kosten, insbesondere die Betriebskosten, wurden unter Berücksichtigung der in den beiden Großpumpwerken gemachten Erfahrungen ermittelt. Hierbei wurden die Sachkosten mit 15% der Herstel-

Tabelle 2

Pumpwerk Köhlbrandhöft – Kostenvergleich

		mit Kreisel- pumpen	mit Schnecken- pumpen
Ausstattung		4 Pumpen je 2,5 m³/s	3 Pumpen je 3,3 m³/s
Rechenanlage		vor den Pumpen	hinter den Pumpen
Erforderliche Belegschaft		15	6
Baukosten			
baulich		9,8 Mio. DM	9,6 Mio. DM
maschinell		2,0 Mio. DM	2,5 Mio. DM
elektrotechnisch		0,5 Mio. DM	0,5 Mio. DM
	Gesamt	12,3 Mio. DM	12,6 Mio. DM
Jahreskosten			
Personalkosten		275.000 DM/a	108.000 DM/a
Energiekosten		900.000 DM/a	950.000 DM/a
Sachkosten		375.000 DM/a	240.000 DM/a
Kapitaldienst			
Abschreibung		361.000 DM/a	338.000 DM/a
Kalk. Zinsen 6/2 = 3%		369.000 DM/a	378.000 DM/a
	Summe	2,280.000 DM/a	2,014.000 DM/a

lungskosten beim Pumpwerk mit Kreiselpumpen angesetzt, also etwas günstiger als beim Pumpwerk Hafenstraße, und vorsichtigerweise mit 8% beim Schneckenpumpwerk, obwohl bei „Stellinger Moor" bisher nur 2,2% anfielen. Bei der Ermittlung des Abschreibungssatzes wurde bei der maschinellen Anlage – mit Ausnahme der Schneckenpumpen – eine Lebensdauer von 15 Jahren zu Grunde gelegt, während für Schneckenpumpen 25, für Bauwerke 50 und für die Elektroinstallation 20 Jahre angesetzt wurden.

Die geringeren jährlichen Betriebskosten, aber nicht zuletzt der geringere Personalbedarf haben zu der Entscheidung geführt, für das neue Pumpwerk Schneckenpumpen zu wählen. Diese Entscheidung wurde dadurch erleichtert, daß auf Grund der erarbeiteten Unterlagen zu erwarten ist, daß die Baukosten für eine Ausführung mit Schneckenpumpen nicht nennenswert über denen für eine Ausführung mit Kreiselpumpen liegen werden.

A. C. J. Koot * und *J. ZEPER* **

CARROUSEL,
ein neues Belüftungssystem für niedrige Raumbelastung

1. Einleitung

1953 begann Dr. Ing. A. Pasveer am TNO (Forschungsinstitut für Siedlungswasserwirtschaft) mit der Forschung, ein einfaches Abwasserreinigungssystem für kleine Einheiten zu entwickeln, das vorzugsweise mit niedrigen jährlichen Kosten arbeitet, was zur Schöpfung des Oxydationsgrabens führte. Die Grundidee dieses Systems war, den Reinigungsprozeß auf einen einzigen Schritt zu reduzieren. Ohne Vorklärung wurde das rohe Abwasser mit einem Belebtschlammverfahren so weit behandelt, daß anaerobe Schlammbehandlung überflüssig geworden war.

Gute Resultate wurden mit den folgenden Grundkriterien erreicht:

a) niedrige Raumbelastung des Belüftungsbeckens;
b) niedrige Schlammbelastung des Belebtschlammes;
c) reichliche Sauerstoffzufuhr im Belüftungsbecken.

In den letzten 10 Jahren wurde eine große Anzahl von Oxydationsgräben mit großem Erfolg in Betrieb genommen. Die Entwurfsgrößen sind:

a) Raumbelastung: 0,225 kg BSB_5/m^3 . Tag;
b) Schlammgehalt: 3,5 bis 4,5 kg/ m³;
c) Schlammbelastung: 0,05 kg/kg . Tag;
d) O. C./Belastung: 2,0 (Betrieb) bis 2,5 (Maximum)

---

* A. C. J. *Koot:* Professor of Sanitary Engineering, Technological University, Delft, Netherlands.
** J. *Zeper:* Dwars, Heederile and Verhey, Laan 1914 Nr. 35, Amersfoort, Netherlands.

Die Praxis hat gezeigt, daß die Überschußschlammproduktion sich auf 0,75 kg/kg BSB_5 . Tag beläuft, das ist 0,15 kg/m³ . Tag. Das Schlammalter dieses Systems ist Schlammgehalt/Schlammproduktion

$$\frac{4,5 \text{ kg/m}^3}{0,15 \text{ kg/m}^3 \text{ . Tag}} = 30 \text{ Tage}$$

Nach 30 Tagen Schlammaufenthaltszeit unter aeroben Bedingungen ist der Überschlußschlamm in hohem Maße mineralisiert und außer der Entwässerung ist keine weitere Behandlung erforderlich.

Die ersten Oxydationsgräben wurden diskontinuierlich betrieben. Das bedeutet: nach einer Belüftungsperiode wurden die Käfigwalze gestoppt, dem System kein Abwasser beigegeben, und der Schlamm konnte sich absetzen. Danach wurde die geklärte Flüssigkeit abgeleitet und das System wieder in Bewegung gesetzt. Bei größeren Anlagen hat diese Betriebsmethode – besonders während des Regens – im Hinblick auf die notwendige Stauung von Abwasser in der Kanalisation seine Nachteile. Darum wurden Nachklärbecken hinzugefügt, die einen kontinuierlichen Betrieb des Systems gewährleisteten.

Die Vorteile des Oxydationsgraben p r o z e s s e s sind:
a) Stoßbelastungen werden durch die hohe Pufferkapazität des Systems, ohne den Prozeß zu stören, aufgefangen;
b) Überschußschlammproduktion ist niedrig und die Schlammbehandlung wird auf die Entwässerung reduziert;
c) Betrieb des Systems ist einfach und erfordert nur einen kleinen Stab von Angestellten.
d) BSB_5 Reduktion beträgt 95–98%
   CSB Reduktion beträgt 90–95%
   NH4 Reduktion ist bedeutend.

In einigen Ländern gelten zusätzlich die folgenden Punkte:
e) Jahreskosten bezüglich entfernter BSB_5 Menge sind niedriger als die anderer bekannter Prozesse;
f) die Anlagen fügen sich gut in die Landschaft ein.

2. Die Wirtschaftlichkeit des Oxydationsgrabens

Während des letzten Jahrzehntes entwickelte sich in Holland, hauptsächlich aufgrund wirtschaftlicher Gesichtspunkte, die Tendenz

zu einer allmählichen Vergrößerung der Oxydationsgräben. Dies kann
in Verbindung mit Abbildung 1 erklärt werden, welche das Verhältnis
zwischen Anlagengröße und Investitionskosten pro Einwohner-Gleich-
wert für traditionelle Anlagen wie auch für Oxydationsgräben in Holland wiedergibt.

Aus Abbildung 1 können zwei Entwicklungen abgeleitet werden:

a) für eine Anlage, welche 10mal größer ist, wird die Invesition
pro Einwohnergleichwert 1,8mal niedriger;

b) für Anlagen derselben Größe beträgt die Investition pro E. G.
für einen Oxydationsgraben 75% einer traditionellen Anlage.

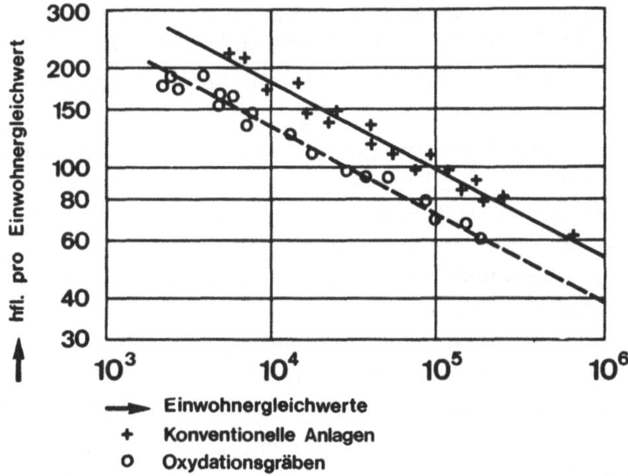

Abb. 1: Investitionskosten für Abwasserreinigungsanlagen (Preisniveau 1971)

Außer den Investitionskosten sind die jährlichen Kosten ein wichtiger Parameter für den Vergleich verschiedener Systeme. Die Berechnung der jährlichen Kosten kann auf einen Prozentsatz der Investition,
nämlich die Kapitalkosten, Abschreibung und Unterhalt vereinfacht
werden; dazu kommen die Kosten für Energieaufwendung. Der Entscheidungspunkt zwischen dem traditionellen System und dem im Bau
billigeren Oxydationsgraben liegt deshalb dort, wo die Abnahme von
Kapitalkosten, Abschreibung und Unterhalt gleich den zusätzlichen
Kosten für den Energiebedarf des Oxydationsgrabens wird. Mit Hilfe

dieser Vereinfachung kann gezeigt werden, wie der Einfluß der sich ändernden wirtschaftlichen Faktoren die Wahl des Anlagentyps beeinflußt.

Vor 10 Jahren betrugen Kapitalkosten, Abschreibung und Unterhalt 6½% jährlich, heutzutage 10%. Außerdem ist das Verhältnis zwischen den Indices für Baukosten und Energiekosten, welche vor 10 Jahren 1 : a betrugen, jetzt 2ab : b geworden. Das heißt, daß die Baukosten zweimal so schnell gewachsen sind wie die Energiekosten.

Nimmt man an, daß die gegenwärtige Differenz zwischen der Investition pro E. G. für eine traditionelle Anlage und für einen Oxydationsgraben – beide von derselben Größe – I sein soll, dann liegt der Entscheidungspunkt zwischen den beiden Systemen dort, wo 10% von I den heutigen, zusätzlichen Energiekosten E, die für den Oxydationsgraben erforderlich sind, gleich werden, d. h. I = 10 E.

Vor zehn Jahren lag der Entscheidungspunkt bei 6,5% von (a/2ab) × I gleich E/b oder I = 30 E.

Das bedeutet, daß heutzutage der Entscheidungspunkt bei einem Wert von I liegt, der 3mal kleiner ist als der vor 10 Jahren. Bei der gegebenen Neigung der Geraden in Abbildung 1 hat sich der Entscheidungspunkt zu einer Anlagengröße hin verschoben, die 50mal größer ist, das heißt von 6.000 E. G. in der Vergangenheit nach 300.000 E. G. in der Gegenwart. Wenn die Baukosten im Verhältnis zu den Energiekosten im heutigen Maß weiter steigen, wird sich der Entscheidungspunkt sogar zu größeren Anlagen hin verschieben.

Um jedoch dem Trend zu folgen, wie er in Abbildung 1 dargestellt ist, daß größere Anlagen in Bau billiger sind, sollten offensichlich alle Elemente der Anlage vergrößert werden. Für die Oxydationsgräben bedeutet dies tiefere und breitere Belüftungskanäle und größere Einheiten für mechanische Belüftung.

Eine Anlage von 300.000 E. G., erbaut nach einem konventionellen Oxydationsgrabenentwurf, würde 100 Käfigwalzen (ø 700 mm) von je 6 m Länge benötigen und würde mit einer Tiefe von 1,5 m eine Fläche von 5 ha beanspruchen. Außer dem beträchtlichen Landbedarf würden die gesamten Kosten der Käfigwalzen einen wichtigen Faktor bilden, der eine Investition von ungefähr hfl 6,– pro E. G. beträgt.

Alternative Belüftungsapparaturen sollten den folgenden Anforderungen entsprechen:

a) niedrige Anschaffungskosten pro kg eingebrachtem Sauerstoff;
b) hoher Wirkungsgrad der Belüftung;
c) gleichmäßige Strömungsgeschwindigkeit besonders in einem tiefen Ringgraben.

Oberflächenbelüfter mit vertikaler Achse erfüllen die erste Bedingung. Sie wurden jedoch für Belüftungsbecken mit einer Raumbelastung von mindestens 0,7 bis 1 kg BSB5/m³.Tag entworfen. Wenn diese Belüfter in große Becken eingesetzt werden, wird der Wirkungsgrad drastisch vermindert.

Es erscheint deshalb notwendig, die Belüftungszone des Oxydationsgrabens auf einen Teil des Flüssigkeitsinhaltes der Belüftungskanäle zu beschränken. Das läßt immer noch die Frage offen, wie gleichmäßige Turbulenz in dem übrigen Teil des Belüftungsbeckens erreicht wird.

3. Carrousel

Die Antwort auf diese Frage ist ein Belüftungssystem des Typs Carrousel. Das ist ein Name, der einer rein hydraulischen Lösung des Problems gegeben wurde. Sie erweist sich als eine einfache Lösung, die folgendermaßen gekennzeichnet werden kann:

a) nimm ein quadratisches Becken, dimensioniert in Übereinstimmung mit Typ und Größe des Oberflächenbelüfters;
b) entferne eine Seite des Beckens und erweitere es, bis das erforderliche Flüssigkeitsvolumen erreicht ist;
c) baue längs durch die Mitte des erweiterten Beckens, welches jetzt rechteckig ist, eine Trennwand und lasse an beiden Enden des Beckens zwei Abschnitte offen;
d) installiere einen Oberflächenbelüfter dort, wo der Mittelpunkt des ursprünglichen, quadratischen Beckens gelegen ist.

Sobald der Belüfter läuft, wird Sauerstoff in eine begrenzte Belüftungszone des Beckens in der normalen Art und Weise eingetragen, doch zusätzlich bewegt sich ein turbulenter Strom durch die Belüftungskanäle, in welche der übrige Teil des Beckens geteilt ist (Abb. 2).

Für eine Erklärung dieses Phänomens und für weitere Informationen bezüglich der durchgeführten Modellversuche und bezüglich der Resultate des Prototyps Carrousel in Oosterwolde (14.000 E.G.), welcher im September 1968 in Betrieb genommen wurde, wird auf eine Schrift hingewiesen, welche von dem zweiten Autor am 5. Kongreß der „International Water Pollution Research" im Juli 1970 in San Francisco vorgetragen wurde [1].

Nachdem sich die Versuche am Prototyp Carrousel in Oosterwolde (Friesland) als erfolgreich erwiesen hatte, wurde ein zweites Carrousel für 8.000 E.G. bei den „Prinses" Milchverarbeitungswerken in Ursum (N. Holland) in Betrieb genommen.

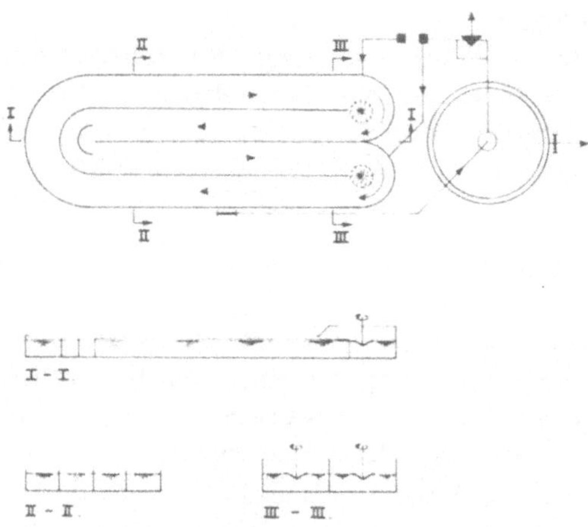

Abb. 2: Grundform des Carrousels

Dieser Belüftungsgraben ist 2,5 m tief und 5 m breit.

Vor kurzem ist eine Carrousel-Anlage für 19.000 E.G. in Zuidlaren (Groningen) mit Kanälen von 3 m Tiefe und 6 m Breite übergeben worden.

In Holland sind gegenwärtig 32 Carrousels im Entwursstadium für eine Gesamtsumme von 2,600.000 E.G., die in der Größe zwischen 6.000 E.G. und 400.000 E.G. variieren, wobei sich 8 Anlagen von über 100.000 E.G. befinden. Außer diesen Entwürfen sind schon acht 4 m tiefe und 8 m breite Belüftungsgräben im Bau, wobei die größten Oberflächenbelüfter mit einer Belüftungsleistung von 140 kg O_2/Std angewendet werden. Diese Leistung ist für die Belüftung von 25.000 E.G. bei einer O_2-Last von 2,5 ausreichend.

Die im Bau befindlichen Anlagen – mit dem erwarteten Zeitpunkt der Inbetriebnahme in Klammern – sind:

- Warga (Milchverarbeitung)   (1971)   20.000 E.G.
- Maarn-Woudenberg   (1971)   40.000 E.G.
- Lichtenvoorde   (1971)   48.000 E.G.
- Beemster   (1973)   65.000 E.G.
- Ubach over Worms   (1972)   75.000 E.G.
- Winterswijk   (1971)   77.000 E.G.
- Geestmerambacht   (1973)   100.000 E.G.
- Kerkrade   (1972)   150.000 E.G.

Die Anordnung der zuletzt genannten Anlage ist in Abbildung 3 dargestellt.

In verschiedenen anderen Ländern (in sieben Fällen) ist der Entschluß gefaßt worden, eine Carrousel-Anlage zu bauen. Einige dieser Anlagen sind bereits im Bau.

4. Energiebedarf für Belüftung und Strömung im Carrousel

Obwohl einige Hersteller von Oberflächenbelüftern in Anspruch nehmen, daß ihre Oberflächenbelüfter eine bessere Leistung aufweisen, hat die Praxis gezeigt, daß ein gut entworfener Oberflächenbelüfter, der in einer ihm gut angepaßten Belüftungszone arbeitet, eine Sauerstoffzufuhr von ca. 1,8 kg O_2/Std und netto Achs-PS oder ungefähr 2,45 kg/kWh (netto) aufweist. Abweichungen von diesen Zahlen liegen meistens innerhalb ±5%.

Der Brutto-Energiebedarf – abhängig von dem Wirkungsgrad des Getriebes und des Elektromotors – ist nur im Hinblick auf die Gesamtkosten des Energieverbrauchs von Interesse, aber nicht für die Leistung des Belüfters als solchen, noch für theoretische Überlegungen betreffend den Energiebedarf innerhalb des Belüftungsbeckens selbst.

Bei einer Raumbelastung von 0,225 kg BSB^5/m^3.Tag und einer maximalen O_2-Last von 2,5 beläuft sich der maximale Sauerstoffbedarf des Carrousels auf:

$$\frac{0,225 \; kg \; BSB_5/m^3 \, . \, d}{24 \; h/d} \cdot 2,5 \; kg \; O_2/kg \; BSB_5 = 23,5 \, . 10^{-3} \, kg \; O_2/m^3 \, . \, h$$

Dies hat einen maximalen Energiebedarf zur Folge von:

$$\frac{23{,}5 \cdot 10^{-3}\ kg\ O_2/m^3 \cdot h}{2{,}45\ kg\ O_2/KWh} = 9{,}5\ W/m^3\ \text{(netto an der Achse)}$$

Unter normalen Betriebsbedingungen, mit einer O_2-Last von 2 und einer BSB₅ Belastung zwischen der ²/₃fachen und vollen Entwurfsbelastung, liegt der normale Energiebedarf (netto an der Achse) bezüglich des Gesamtvolumens des Carrousels zwischen 5 und 7,5 W/m³.

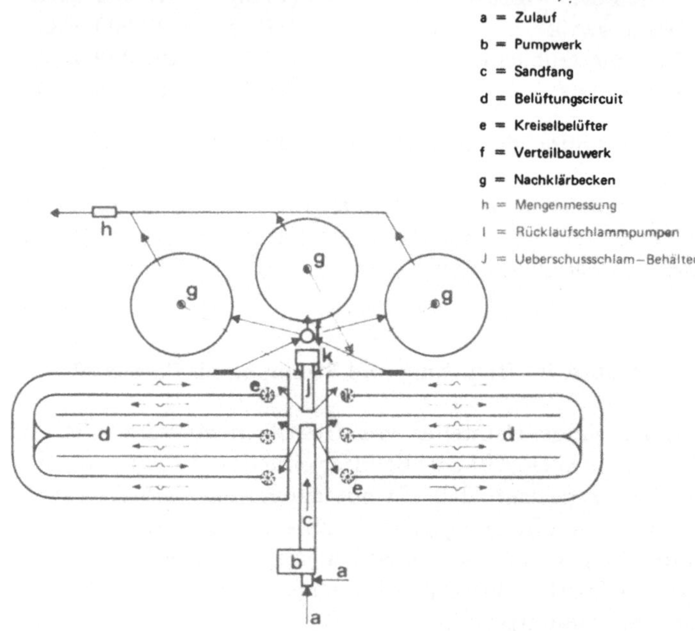

Abb. 3. Carrousel bei Kerkrade für 150.000 E.G.

In der Belüftungszone, welche ungefähr ¹/₆ des totalen Volumens einnimmt, liegt der Netto-Energieeintrag zwischen 30 und 45 W/m³ mit einem Maximum von ca. 60 W/m³. In Übereinstimmung mit verschiedenen Forschern ist dieser hohe Energieeintrag pro m³ Volumen für einen guten Wirkungsgrad der Belüfters vorteilhaft.

Die Energie, die erforderlich ist, um eine genügende Strömung in den Belüftungskanälen zu erhalten, kann durch Multiplizierung der Wassermenge Q mit dem Wasserspiegelverlust H über die gesamte Länge des Ringgrabens berechnet werden.

$$Q = \text{Geschwindigkeit} \times \text{Querschnittsfläche} = v \times F \ \text{m}^3/\text{sec}$$
$$(\text{in Newtons} = 10^4 . v . F \ \text{N/s.})$$

Aus der Formel von Chezy $v = c\sqrt{R . I}$ ist

$$H = \frac{v^2 . L}{c^2 . R}$$

Hierin ist:

L = die Länge des Ringgrabens

R = der hydraulische Radius der Querschnittsfläche.

Die für die Strömung erforderliche Energiemenge beläuft sich auf:

$$H . Q = \frac{10^4 . v . F . v^2 . L \ (Nm)}{c^2 . R \ (sec)}$$

$$= 10^4 . \frac{v^3 . F . L}{c^2 . R} \ \text{Watt.}$$

Da das Volumen des Carrousels gleich $F \times L$ wird, ist die Energie pro m³ Volumen, die für eine Strömungsgeschwindigkeit v m/sec erforderlich ist,

$$10^4 . \frac{v^3}{c^2 . R}$$

In Abbildung 4 ist diese Energie der Strömungsgeschwindigkeit für verschiedene Werte von R gegenübergestellt. Es zeigt sich, daß in seichten Oxydationsgräben bei einem Anstieg der Geschwindigkeit bis auf 0,4–0,5 m/sec die für die Strömung notwendige Energie ca. 10% der für die Belüftung erforderlichen Energie beträgt.

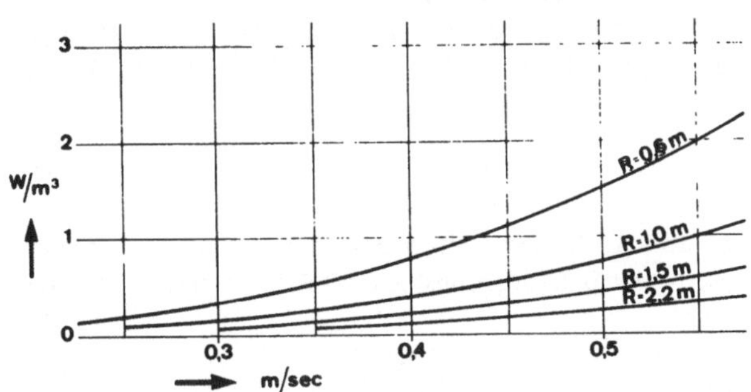

Abb. 4: Erforderliche Energie für Strömung im Carrousel

Andererseits beträgt die Energie, die für eine gleiche Strömung in den tiefen Belüftungskanälen des Carrousels erforderlich ist, nur ca. 1% der eingebrachten Energie für Belüftungszwecke, und dies ist weniger als 0,1 W/m³!

5. Landbedarf für Oxydationsgräben und für das Carrousel

Auf Grund von detaillierten Entwürfen für Oxydationsgräben für 500, 4.000 und 7.000 E.G. und für Carrousels für 22.000 und 120.000 E.G., alle unter Verwendung derselben Entwurfskriterien, ist der Landbedarf für die Anlage und die Bauwerke sorgfältig bestimmt worden, wobei Straßen, Wege und einer Grünzone von 10 m Breite um die Anlage herum in Rechnung gestellt wurde.

Im Hinblick auf die Schlammverarbeitung haben Anlagen bis zu 10.000 E.G. Schlammtrockenbeete; zwischen 10.000 und 25.000 E.G. wird ein Schlammeindicker hinzugefügt. Für Anlagen zwischen 25.000 und 75.000 E.G. wird der Schlamm mechanisch entwässert mit einer nachfolgenden 3monatigen Lagerung. Für Anlagen von 75.000 E.G. und größer wird der mechanischen Entwässerung eine thermische Trocknungsanlage nachgeschaltet.

Es sind auch Entwürfe für eine konventionelle Abwasserreinigungsanlage mit irgendeiner Schlammverarbeitungsanlage gemacht worden.

Ein Vergleich dieser Entwürfe hat den Brutto-Landbedarf der verschiedenen Anlagen deutlich gemacht.

Abbildung 5 gibt die Brutto-Fläche pro E.G. als Abhängigkeit der Anlagengröße und des Anlagentyps wieder. Diese Abbildung zeigt, daß ein Carrousel für 100.000 E.G. und größer ungefähr dieselbe Bruttofläche benötigt wie eine konventionelle Abwasserreinigungsanlage mit derselben Leistung z. B. ungefähr 0,2 m²/E.G. oder 5 E.G. pro m² für beide Typen.

Literatur

[1] J. *Zeper* und A. de *Man:* „New developments in the design of activated sludge tanks with low BOD loadings", IAWPR Konferenz, Juli 1970, San Francisco.

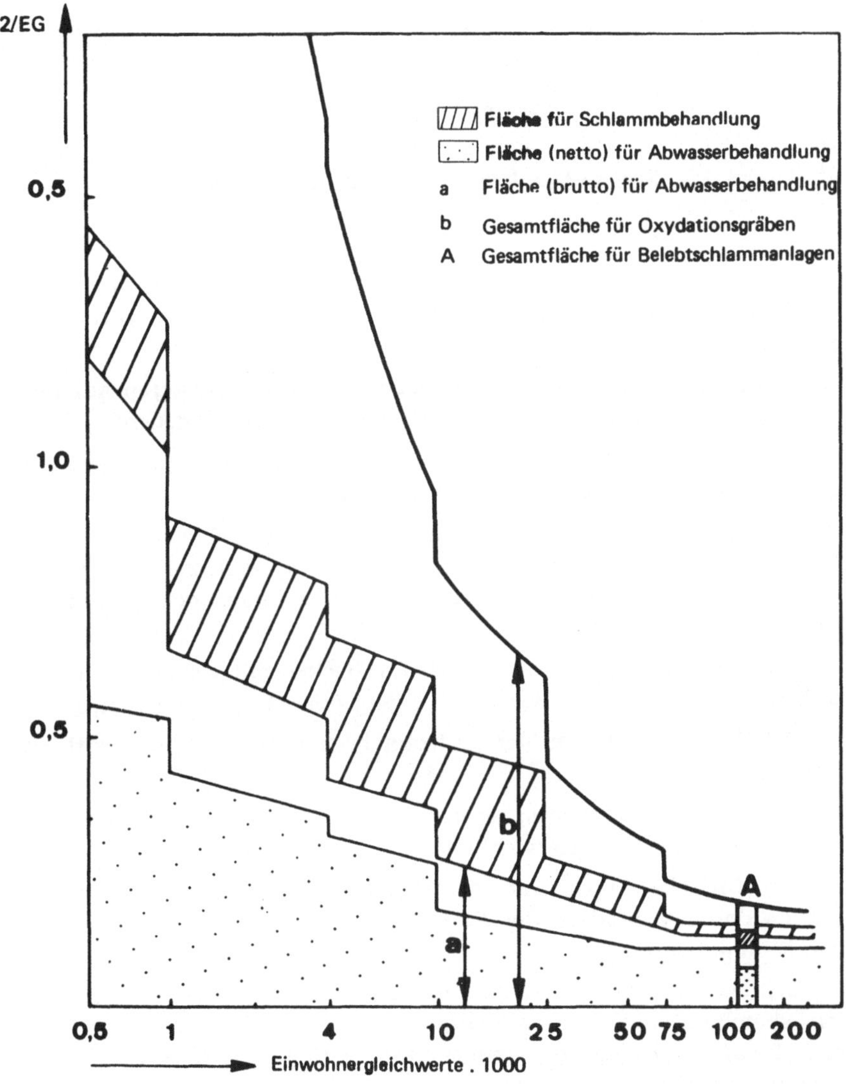

Abb. 5: Landbedarf für Abwasserreinigungsanlagen

Wolfgang Stalzer *

Umlaufbecken mit Mammutrotoren

1. Umlaufbecken mit Mammutrotoren können als Verbindung und Weiterentwicklung von Haworth-Becken und Kessener-Belüftung angesehen werden.

2. Für die Wahl von Umlaufbecken mit Mammutrotoren auf der Kläranlage Wien-Blumental waren folgende Gründe maßgebend:

2.1 Unempfindlich gegenüber Verstopfungen durch im Kreislauf geführte Faserstoffe bei fehlender Vorklärung

2.2 keine Begrenzung in der Beckengröße. Für 300.000 E.G. sind 2 Becken mit je 6.000 m³ Inhalt (150 m lang; 17 m breit; 2,5 m tief) ausreichend. Durch große Einheiten und einfache Bauform geringe Baukosten.

2.3 Mammutrotoren eignen sich für Becken mit geringer Wassertiefe (z. B. 1,5 bis 3,0 m). Beckensohle liegt über Grundwasserspiegel.

2.4 Bei Reparatur an Mammutrotor braucht Becken nicht entleert werden.

2.5 Großer Belastungsspielraum von $10 \div 60$ W/m³ ermöglicht Anpassung an ungewisse Entwicklung.

2.6 Einfache Anpassung von Sauerstoffzufuhr an Sauerstoffverbrauch durch Verändern der Eintauchtiefe und Zu- und Abschalten von Mammutrotoren.

2.7 Die zwei Umlaufbecken ermöglichen die verschiedensten Betriebskombinationen (Serienschaltung mit gleicher bzw. unterschiedlicher Belüftungsintensität, Contact-Stabilisation, getrennte Stabilisierung des Überschußschlammes).

---

* Wolfgang *Stalzer:* Institut für Wasserversorgung, Abwasserreinigung und Gewässerschutz, Technische Hochschule Wien, A–1040, Karlsplatz 13.

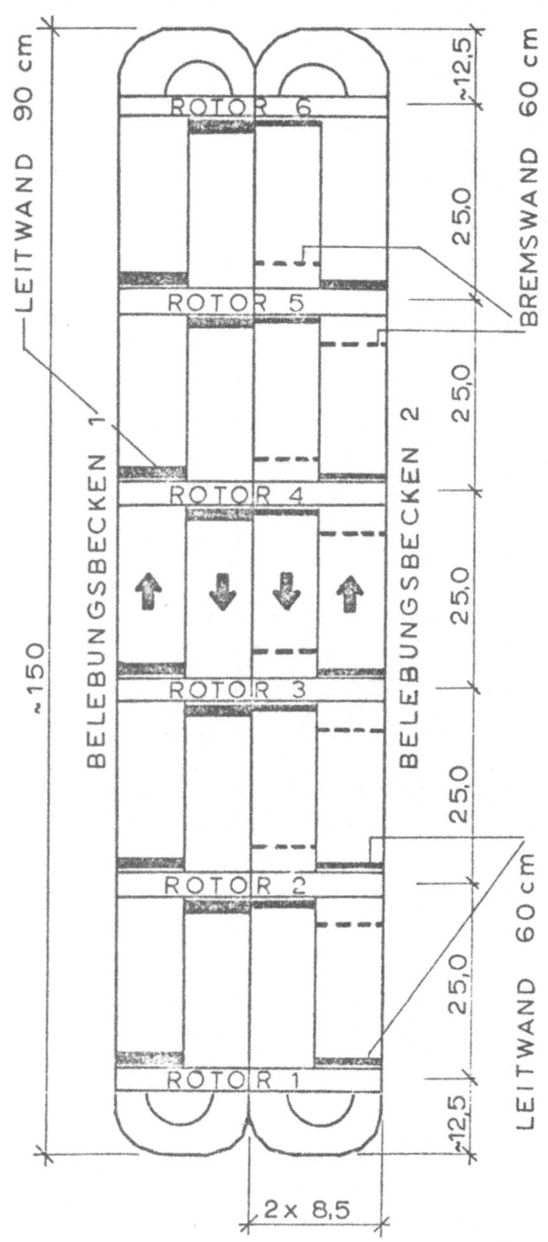

Abb. 1: Systemskizze der Belebungsbecken

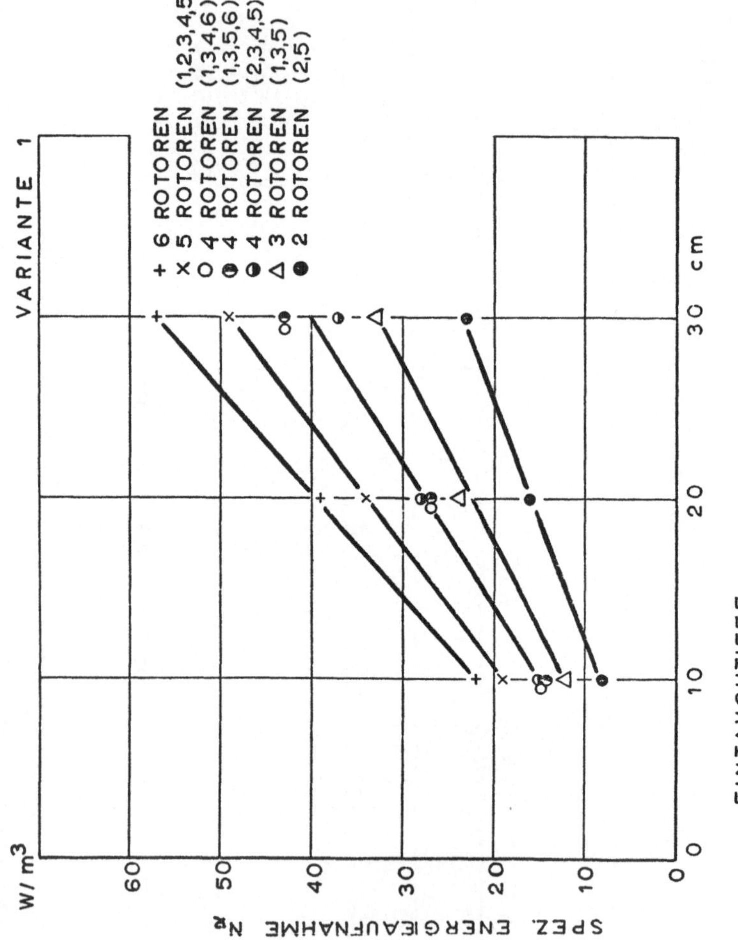

Abb. 2: Spez. Energieeinsatz und Eintauchtiefe für Leitwände

54

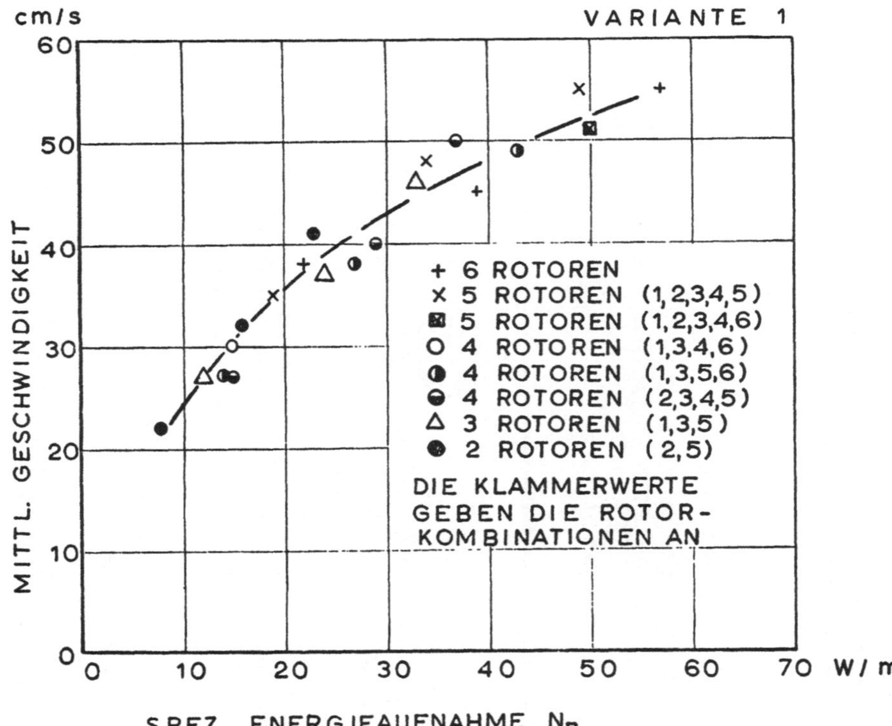

Abb. 3: Spez. Energieeinsatz und mittl. Geschwindigkeit

3. Vor Inbetriebnahme der Anlage wurden im Reinwasser (Bach-
wasser) Strömungsverhältnisse, Sauerstoffzufuhr und Energieaufwand
untersucht:

3.1 Die Energieaufnahme steigt linear zur Eintauchtiefe (Abb. 2).

3.2 Die mittlere Fließgeschwindigkeit ist von dem spezifischen
Energieaufwand (W/m³) abhängig und weitgehend unabhängig von der
Rotorkombination (Abb. 3). Mit Energieaufwand von 10 W/m³ wird
eine mittlere Fließgeschwindigkeit von 25 cm/s erreicht.

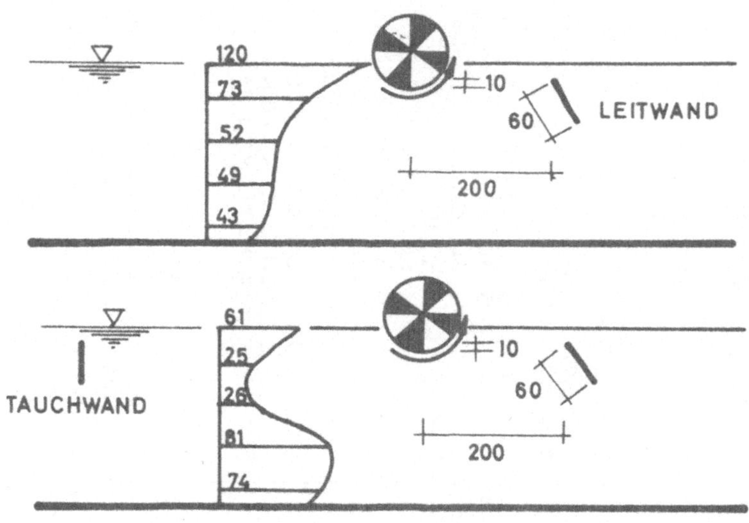

Abb. 4: Geschwindigkeitsprofile

3.3 Zur Abbremsung der Fließgeschwindigkeit der oberen Wasser-
schicht sind Leitschilde (in Fließrichtung hinter dem Rotor) bzw. Leitschilde und Bremswände (vor dem Rotor) zweckmäßig. Sonst wird infolge großer Oberflächengeschwindigkeit die Differenzgeschwindigkeit
zur Umfangsgeschwindigkeit (3,6 m/s) des Rotors zu gering, und die
O_2-Zufuhr sinkt ab. Sind z. B. Leitschilde nur nach dem Rotor vorgesehen, so beträgt bei 6 Rotoren und 30 cm Eintauchtiefe die Oberflächengeschwindigkeit vor dem nächsten Rotor 1,2 m/s (Abb. 4).

3.4 Die minimalen Sohlgeschwindigkeiten liegen jeweils unter den
Rotoren. Ein arbeitender Rotor verwirbelt somit eine größere Wasser-

menge, als ihm in den obersten Wasserschichten zugeführt wird. Die Leitwände bei ruhenden Rotoren bedingen zwar eine Umlagerung und Vergleichmäßigung der Geschwindigkeit, aber erst hinter dem Rotor. Wird dagegen noch zusätzlich ein Bremsschild vor dem Rotor angeordnet, so kommt es unmittelbar vor dem Rotor zu einer Umlagerung der Geschwindigkeit und Erhöhung der Sohlgeschwindigkeit (Abb. 5).

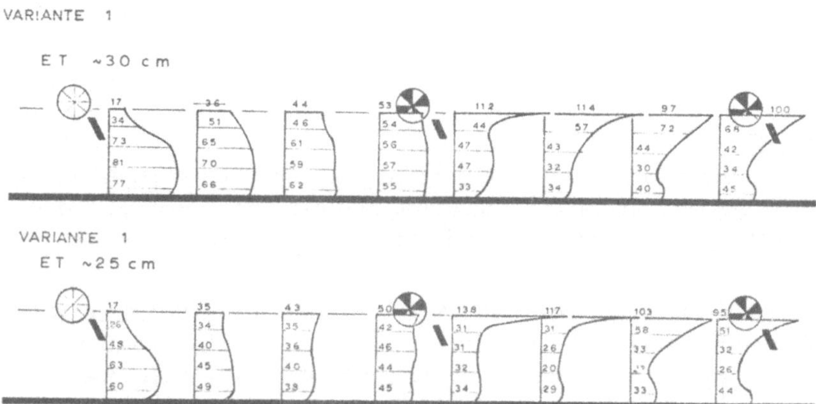

Abb. 5: Geschwindigkeitsprofile nach angetriebenen und nicht angetriebenen Rotoren

4. Sauerstoffzufuhrversuche im Reinwasser brachten im Rahmen der Garantieabnahme im Mittel folgende Ergebnisse:

ROTOR Z.	ET cm	ENERGIE kW	ENERGIE W/m³	O₂-ZUFUHR kg/m³ . h	O₂-ZUFUHR kgO₂/kWh	B
4	27	235	37	8,2	2,1	L
4	26	264	42	8,1	1,9	LB

L = mit Leitwand
LB = mit Leit- und Bremswand

5. Später wurde die O₂-Zufuhr unter Betriebsbedingungen (Schlammgehalt 10 kg/m³) nach Kayser untersucht und folgende Mittelwerte erzielt:

ROTOR Z.	ET	ENERGIE		O_2-ZUFUHR		B
	cm	kW	W/m³	kg/m³ . h	kgO₂/kWh	
3	25	180	29	7,8	1,9	L
4	21	193	32	6,7	2,1	L
6	19	265	43	4,5	1,5	L

6. Nach 6monatiger Betriebszeit wurden beide Becken entleert. Es wurden Ablagerungen von 2% des Nutzvolumens festgestellt. Vor allem unter den Rotorbrücken hatten sich Feststoffe abgelagert. Keine Ablagerungen wurden in den Krümmungen festgestellt. Eine Beeinträchtigung der Klärwirkung durch die Ablagerung wurde nicht festgestellt.

Bisher sind nur die Leitschilde hinter den Rotoren eingebaut. Es bleibt abzuwarten, ob die Ablagerungen durch den Einbau von Bremswänden (Umlagerung der Geschwindigkeit) vermindert werden können.

7. Die Umlaufbecken mit Mammutrotoren der Kläranlage Wien-Blumental haben sich im 2jährigen Betrieb bisher gut bewährt. Das System eignet sich besonders für schwache bis mittlere organische Belastung (spez. Energieeinsatz 10–50 W/m³). Vorteile dürfte es bei Nitrifikation und Denitrifikation in zwei hintereinandergeschalteten Becken (ohne Vorklärung) bieten.

Literatur

v. d. Emde, W.: Entwurf Belüftungssysteme, Wiener Mitteilungen, Band 4, Technische Hochschule Wien, 1969.

v. d. Emde, W.: Die Kläranlage Wien-Blumental, Österr. Wasserwirtschaft, Heft 1/2, 1971, Springer Verlag Wien.

Kayser, R.: Ermittlung der Sauerstoffzufuhr von Abwasserbelüftern unter Betriebsbedingungen. Veröffentlichung des Inst. für Stadtbauwesen der TU Braunschweig, Heft 1, 1967.

Stalzer, W.: Strömungsverhältnisse in langgestreckten Umlaufbecken mit Oberflächenbelüftung. Tagung für Abwasserreinigung, Budapest 1971.

Ingo Kleffner *

Doppelstöckige Nachklärbecken

Als Entwurfsingenieur ist man bisweilen gezwungen, auf kleinster Fläche ein großes Beckenvolumen unterzubringen. Bei Vorklärbecken kann man sich dadurch helfen, daß man in die Tiefe geht, wobei allerdings auch hier Grenzen gesetzt sind. Für sehr lange rechteckige Nachklärbecken ist jedoch die Anordnung einer Beckentiefe von über 2,5 m wegen der Begrenzung durch die Oberflächenbeschickung nicht zweckmäßig. Hier bieten doppelstöckige Absetzbecken einen Ausweg. Ihr Kubikmeterpreis ist günstiger als der einstöckiger Anlagen gleicher Abmessung; allerdings besteht hinsichtlich der Schlammräumung keine andere Wahl, als sie mit Bandkratzern auszustatten. Schwimmstoffe sollten möglichst vor dem Zulauf entfernt werden, um die Bildung einer faulenden Schicht an der Decke der unteren Etage zu verhindern.

In Hamburg sind für das Klärwerk Stellinger Moor 1963 doppelstöckige Nachklärbecken nach schwedischem Vorbild gebaut worden. Diese Nachklärbecken sind Teil der Schlammbelebungsanlage. Die gesamte biologische Stufe dieses Klärwerkes besteht danach aus:

Belebungsbecken:

Durchmesser 16 m, 6 m tief, abgedeckt, mit abgewandelter Dorr-Oliver Belüftung.

Betriebsergebnisse:
B_R = 3,0 – 3,5 kg BSB_5/m^3 . d
B_{TS} = 0,7 – 0,8 kg/kg . d

---

* Ingo *Kleffner:* Baubehörde Hamburg – Stadtentwässerung, Neuer Wall 72, D-2 Hamburg 36, BRD.

Paddelbecken:

Röhrenförmig, längsdurchflossen; zum Abschneiden von Schwimmschlamm, Fetten und Luftblasen vor der Nachklärung sowie zur Bildung gut absetzbarer Flocken.

$t_{18} = 20$ min.

Nachklärbecken:

Doppelstöckig, mit Bandräumern

$V = 1940$ m³ je doppelstöckiger Einheit

Berechnungsdaten:

	TWA	RWA
t_{18}	3,2	1,6 h
q_F	0,75	1,5 m/h

Betriebsergebnisse:

Die biologische Stufe des Klärwerkes ist seit 1965 in Betrieb. Die in dieser Zeit gewonnenen Ergebnisse der doppelstöckigen Nachklärbecken sind in der beiliegenden Tabelle festgehalten. Daraus geht hervor, daß bei relativ großen Aufenthaltszeiten von 4,7–2,0 h und bei Oberflächenbeschickungen von 0,5–1,1 m/h Oberflächenbelastungswerte von 1,3–4,8 kg/m² × h bzw. 125 bis 400 l/m² × h gefahren wurden. In allen Fällen wurde eine Ablauftrockensubstanz von < 30 mg/l erzielt. Ein direkter Zusammenhang zwischen den Belastungswerten und der Ablauftrockensubstanz ist nicht immer zu erkennen. Dies dürfte auf die Leistungsschwankungen der Belebungsbecken, die aus den aufgeführten unterschiedlichen BSB₅-Werten erkennbar sind, zurückzuführen sein.

Während des 5jährigen Untersuchungszeitraumes wurden die Bandräumer sowohl kontinuierlich als auch intermittierend betrieben. Intermittierend bedeutet in diesem Fall, daß in stündlichem Wechsel entweder die Räumer nur der oberen oder nur der unteren Etage arbeiten. Die Ablaufqualitäten wurden durch die beiden unterschiedlichen Räumprogramme nicht beeinflußt. Die Rücklaufschlammkonzentrationen nahmen jedoch von 8–10 g/l bei kontinuierlichem auf 9–12 g/l bei diskontinuierlichem Betrieb zu. Die Rücklaufschlammenge war für beide Fälle gleich.

60

Betriebsergebnisse der doppelstöckigen Nachklärbecken in Hamburg Stellinger Moor

Zulaufwerte			Belastungswerte				Abflußwerte	
$Q/18$	TS_R	J_{SV}	t	q_F	B_F		TS	BSB_5
m^3/h	kg/m^3	l/kg	h	m/h	kg/m^2h	l/m^2h	mg/l	mg/l
1170	2,6	99	4,7	0,49	1,27	125	16	36
1360	3,6	83	4,0	0,57	2,06	170	13	34
1670	3,9	76	3,3	0,70	2,70	206	16	25
1940	4,0	84	2,8	0,82	3,30	280	10	40
2200	4,3	82	2,5	0,93	4,00	330	13	24
2500	3,8	75	2,0	1,12	4,25	320	20	34

Rücklaufschlamm konstant   300 m^3/h für 2 Etagen

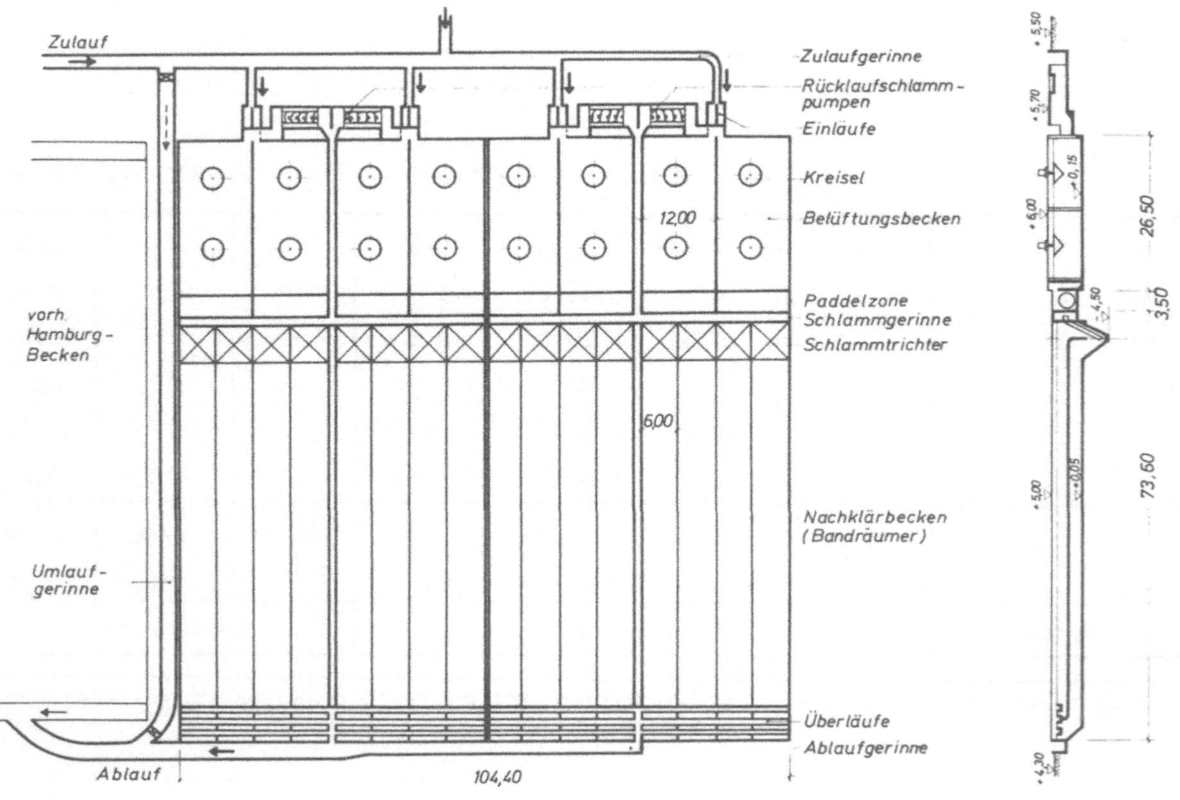

Abb. 1: Köhlbrandhöft: Neue Belebungsanlage

Für diskontinuierliche, stündlich wechselnde Fahrweise kann mit einer Verdoppelung der Lebensdauer der Räumer gerechnet werden, da hierbei die Betriebszeit um 50% gegenüber kontinuierlicher Fahrweise herabgesetzt ist.

Weiterhin wurde festgestellt, daß die gleichmäßige Beschickung beider Beckenstockwerke allein von der genauen Einstellung der Überlaufkanten am Ablauf abhängt. Es ist unerheblich, ob die Einläufe für die obere sowie untere Etage gleiche Druckverluste und damit gleiche Durchflußmengen aufweisen. Die hydraulische Verbindung beider Becken über den Trichtern sorgt für einen Ausgleich und für eine gleichmäßige Belastung.

Wegen der guten Betriebserfahrungen in Stellinger Moor sind auch für die Erweiterung der biologischen Stufe in Hamburg–Köhlbrandhöft doppelstöckige Nachklärbecken mit folgenden Entwurfszahlen gewählt worden:

$$t = 1{,}9 \text{ h}, \qquad q_F = 1{,}1 \text{ m/h}$$

Zwei zusätzliche Ablaufrinnen sorgen bei dieser Ausführung dafür, die Überfallkantenbeschickung herabzusetzen (Bild 1).

Richard Wood *

Steuerung von Schlammbelebungsanlagen

In der Schlammbelebungsanlage des Klärwerkes Maple Lodge Works der West Hertfordshire Main Drainage Authority wird das Abwasser von 521.700 Einwohnern behandelt. Die Kapazität der mit Druckbelüftung ausgestatteten Belebungsbecken (teilweise Furchenbecken, teilweise mit „high density" Filterkerzen ausgestattet) beträgt für den Trockenwetterabfluß bei 10 Stunden Aufenthaltszeit 127.280 cbm/d. Tabelle 1 und 2 zeigen die Daten von 1970/71. Hiernach betrug

Tabelle 1

Maple Lodge Works – Belebungsanlage
1970–71

Monat	Abwasser	Luft
	$10^3 m^3$/day	$10^3 m^3$/day
April	137.3	1694.0
Mai	128.9	1546.9
Juni	129.0	1314.2
Juli	128.1	1352.3
August	127.5	1237.9
Sept.	133.4	1389.2
Okt.	130.2	1571.1
Nov.	158.6	1565.8
Dez.	136.6	1717.4
Jänner	156.2	1941.1
Feb.	140.9	1841.6
März	143.8	1976.5
Durchschnitt	137.5	1596.2

* Richard *Wood:* The West Hertfordshire Main Drainage Authority, Maple Lodge, Denham Way, Rickmannsworth/Hertfordshire, England.

die mittlere BSB₅-Fracht 23.358 kg/d; unter Berücksichtigung der fast vollständigen Nitrifizierung in der Anlage dürfte dieser Wert jedoch irreführend sein. Es erscheint hier sinnvoller, die Belastung als McGowan-Wert (McGowan strength) des abgesetzten Abwassers anzugeben. Dieser Wert war 743, wobei ein Drittel der Belastung aus N herrührt.

Die 19 Belebungsbecken werden durch eine „Transdata"-Einrichtung gesteuert, die dauernd eine etwa gleichmäßige Belastung der einzelnen Becken gewährleisten soll; die Durchsatzmenge wird jeweils mit

Tabelle 2
Maple Lodge Works – Belebungsanlage
1970–71

Monat	Schwebest.		Stickstoff							BSB₅		Oberflächen-aktive Stoffe (Detergentien)	
			Ges.	Ammon.		Eiweiß		Nitrat	Nitrit				
	SS*	FE**	SS	SS	FE	SS	FE	FE	FE	SS	FE	SS	FE
Apr.	145	9.4	57	37	0.15	5.9	0.73	0.21	17.7	218	7.9	12.7	0.41
Mai	157	5.8	54	34	0.17	6.2	0.62	0.05	18.9	196	5.2	13.8	0.40
Juni	124	7.1	50	34	1.09	4.8	0.65	0.32	19.0	150	7.2	12.1	0.43
Juli	114	7.2	50	32	0.30	4.5	0.62	0.10	20.6	141	5.1	11.9	0.40
Aug.	96	6.7	48	34	0.40	4.5	0.69	0.12	19.8	134	5.4	12.1	0.45
Sept.	108	6.0	49	32	0.29	4.8	0.70	0.12	17.2	154	4.3	11.4	0.42
Okt.	110	6.5	57	41	1.44	5.5	0.83	0.29	20.6	176	6.2	10.6	0.40
Nov.	108	9.4	47	32	0.31	5.5	0.77	0.12	20.7	155	7.2	9.3	0.35
Dez.	128	8.5	52	39	0.24	5.6	0.79	0.17	22.6	188	6.5	10.5	0.38
Jan.	124	12.0	44	30	0.21	5.1	0.90	0.19	20.3	168	8.8	9.1	0.32
Feb.	131	8.6	52	37	0.25	6.3	0.82	0.17	22.8	183	7.2	11.0	0.37
März	135	8.5	44	33	0.21	5.4	0.80	0.21	18.1	184	6.6	11.5	0.39
Mi.	122	8.0	51	34	0.43	5.3	0.74	0.21	19.6	170	6.5	11.2	0.39

* SS Abgesetzter Zufluß   ** FE Gereinigter Abfluß

Hilfe induktiver Durchflußmesser gemessen und der Ablauf durch mit Druckluft betriebene Schieber geregelt. Die „Transdata"-Automatik ist die einzige automatische Steuerungseinrichtung der Anlage.

Eine ähnliche Automatik zur Regelung der Luftzufuhr – und zwar um jedes Becken mit der gleichen Luftmenge zu versorgen – könnte Vorteile bringen, sollte die Belastung bis zu einem kritischen Wert ansteigen. Für Neubauten dürfte diese Art der Steuerung jedoch nicht vonnöten sein.

Die Gesamtluftzufuhr wird von Hand gesteuert, um den notwendigen Sauerstoffgehalt im Belebungsbecken einzuhalten, den Schlammdichteindex (SDI) zu beeinflussen und sicher zu sein, daß der Ammoniak-Stickstoffgehalt im Ablauf 1 mg/l nicht übersteigt.

Für die Druckbelüftung stehen bis zu 8 Kompressoren zur Verfügung. Mit diesen Einheiten kann die Luftzufuhr um jeweils 12,5% der Maximalleistung abgestuft werden. – Die zugeführte Luftmenge schwankt in beachtlichen Grenzen. Im August 1970 betrug sie nur 62,5% von der im März 1971 (Maximum). Die BSB$_5$-Fracht war im August 64,6% von der im März. Angegeben als McGowan-Wert waren es 88,7%; dieser Wert entsprach genau dem Verhältnis der Abwassermengen.

Es war nie nötig Einfluß auf den Sauerstoffgehalt oder die Ammoniak-N-Werte zu nehmen; die Regulierung beschränkte sich allein auf das Bestreben, den Schlammdichteindex (SDI) zu steuern. Die Index-Veränderungen sind in der Abbildung 1 dargestellt. Im Juni, als der SDI 2,4 erreichte, fiel das Schlammvolumen im Belebungsbecken auf im Mittel 10,8% (108 ml/l) ab; im März waren es 56%. Der Feststoffgehalt soll im Winter ansteigen, um die durch die tieferen Temperaturen bedingte verminderte Aktivität des belebten Schlammes auszugleichen – aber eine sorgfältige Auswertung der Abbildung 1 macht deutlich, daß die Veränderung des SDI eine Änderung des Feststoffgehaltes im Belebungsbecken zur Folge hat.

Beim Reduzieren des SDI beeinflussen sich beide Faktoren gegenseitig; denn die Verminderung des SDI bewirkt beim Schlammabzug Schwierigkeiten wegen des größeren Volumens; die Folge ist, daß der Feststoffgehalt höher zu steigen geneigt ist, als erwünscht.

Der Grund für die erheblichen Schwankungen des SDI ist unbekannt; die Veränderungen sind saisonbedingt, im zeitlichen Ablauf aber sehr unregelmäßig und ungenau. Die Regelung der Luftzufuhr, gekoppelt mit adaequaten Schlammabzugseinrichtungen, eignet sich zur Korrektur, ist jedoch ein sehr plumpes Werkzeug.

Es besteht keine Notwendigkeit, die Luftzufuhr zur Anlage automatisch zu regeln oder zu mechanisieren. Nachregelungen sind nicht oft erforderlich – bei den vorhandenen Belüftungseinheiten höchstens alle 12 Stunden einmal.

Kleinere Kompressoren zu verwenden, würde keinen Vorteil bringen, vielmehr wäre es wirtschaftlicher, größere Einheiten zu wählen und die nicht benötigte Luft abzulassen.

In der neuen, im Bau befindlichen Anlage für 250.000 Einwohner werden nur 3 Einheiten installiert, und die überflüssige Luft abgeblasen; hier wiegen der geringere Investitionsaufwand für die Ausstattung

SCHLAMMINDEX
BELEBUNGSBECKEN 1970-71
(%) FESTSTOFFE
2,40
2,20
2,00
1,80
1,60
1,40
1,20
1,00
0,80
0,60
0,40
0,20
0,60
0,50
0,40
0,30
0,20
0,10
APR. MAI JUN. JUL. AUG. SEP. OKT. NOV. DEZ. JAN. FEB. MÄR.

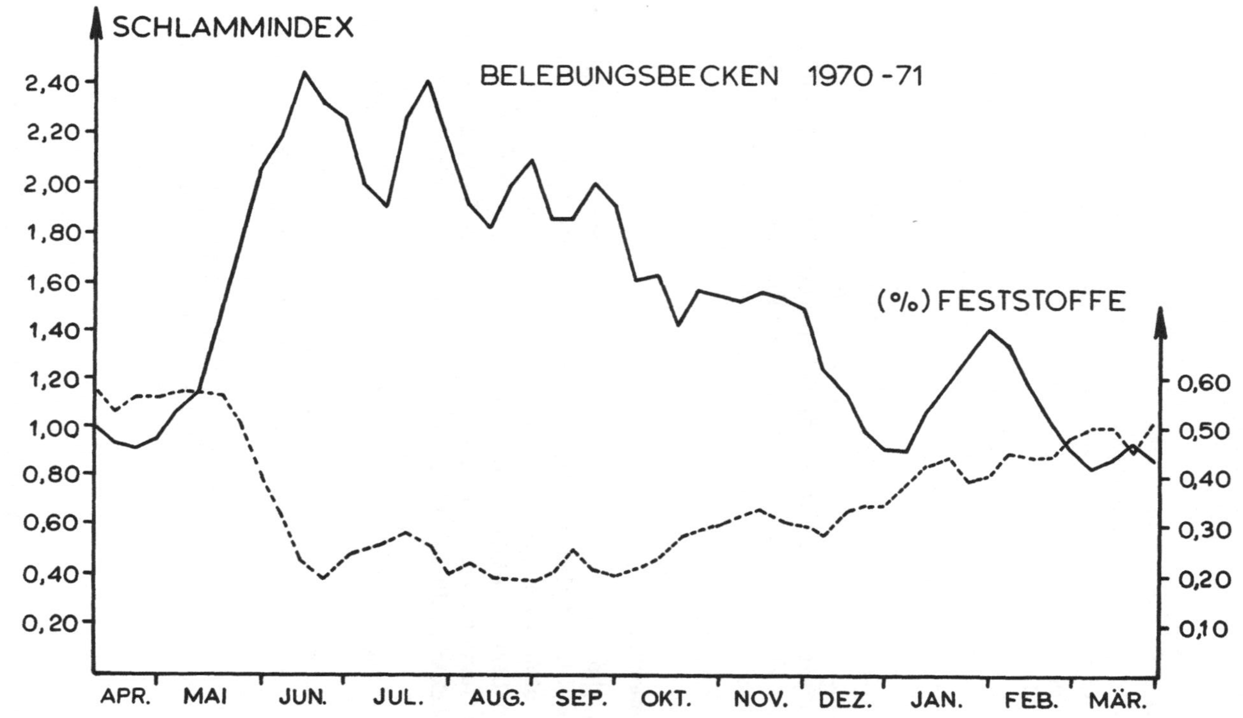

Abb. 1

und ein kleineres Gebäude die Kosten für höheren Energieverbrauch bei weitem auf.

Die SDI-Steuerung in einer vollnitrifizierenden Anlage darf durch das Entstehen von zu leichtem Schlamm nicht durcheinander gebracht werden; leichter Schlamm geht mit niedrigem O_2-Gehalt und der Bildung von fadenförmigen Organismen einher.

Während des Betriebes mit niedrigem und hohen SDI hat sich unter den beschriebenen Betriebsbedingungen kein erkennbarer Unterschied in der Schlammbeschaffenheit hinsichtlich Anzahl und Art der vorhandenen Mikroorganismen gezeigt.

Die Rücklaufschlammenge beträgt konstant 118.000 cbm/d; obwohl keiner hierin einen negativen Einfluß auf den Betrieb der Anlage erblickt, soll die neue Anlage mit einer Automatik zur Steuerung der Rücklaufschlammenge in Abhängigkeit vom Abwasserzufluß versehen werden. Dies wird für erforderlich gehalten, weil die neue Anlage bei Regenwetter mit der 4,5fachen Trockenwettermenge belastet wird im Gegensatz zur nur 3fachen Menge in der alten Anlage.

Zusammenfassung:

Verhältnisse, wie sie in einer vollnitrifizierenden Anlage vorherrschen – der Stickstoffabbau beträgt in unserem Fall 47% – erfordern eine automatisch geregelte Wasserverteilung und vielleicht auch eine automatische Luftverteilung. Das Rücklaufverhältnis zu variieren, ist nicht vonnöten, außer, um auf die hydraulischen Verhältnisse im Nachklärbecken Einfluß zu nehmen; die Luftzufuhr kann von Hand geregelt werden, und zwar auf Grund täglicher Routineuntersuchungen des Sauerstoffgehaltes im Belebungsbecken und des freien Ammoniaks im Ablauf.

Nachdem die Faktoren bekannt sind, die den Schlammdichteindex beeinflussen, mögen anspruchsvollere Regelmöglichkeiten erwünscht sein, jedoch ist es für Anlagen mit einem hohen Schlammalter (1970/71 auf Maple Lodge im Mittel 18 Tage) unwahrscheinlich, daß häufige Veränderungen des Feststoffgehaltes oder der Luftzufuhr notwendig sind.

W. von der Emde und *U. Schopper* *

Betrieb von Belebungsanlagen

1. Wenn eine Belebungsanlage gebaut ist, läßt sich die Reinigungswirkung im Betrieb nur durch
   a) O_2-Gehalt (c_x)
   b) Schlammgehalt (TS_R)
im Belebungsbecken beeinflussen.

2. Der O_2-Gehalt im Belebungsbecken hängt ab vom Sauerstoffverbrauch der Mikroorganismen (OV), der Sauerstoffzufuhr (OC) und dem O_2-Sättigungswert des Abwasser-Schlammgemisches (c_s).

3. Der Sauerstoffverbrauch ist abhängig vom Abbau der organischen Substanz und dem Schlammgehalt im Belebungsbecken.

Zur Steuerung der Sauerstoffzufuhr läßt sich der Abbau der organischen Substanz (z. B. TOC oder COD) nicht verwenden, da die Entfernung der organischen Stoffe und der Sauerstoffverbrauch bei schwebstoff- und kolloidhaltigem Abwasser zeitlich unterschiedlich verlaufen.

4. Zur Steuerung der Sauerstoffzufuhr

$$OC = \frac{c_s}{c_s - c_x} \cdot OV$$

kommen daher in Frage:
   a) der O_2-Gehalt c_x
   b) der O_2-Verbrauch   OV

5. Die Steuerung nach dem O_2-Gehalt hat viele Vorteile. Bei niedrigem O_2-Gehalt im Belebungsbecken (z. B. schwachbelastete Anlagen), punktförmigem O_2-Eintrag (Oberflächenbelüfter) kann die Steuerung nach dem O_2-Gehalt Schwierigkeiten bereiten.

---

* W. v. d. *Emde* und U. *Schopper:* Institut für Wasserversorgung, Abwasserreinigung und Gewässerschutz, Technische Hochschule Wien, A-1040, Karlsplatz 13.

6. Der O_2-Gehalt im Belebungsbecken ergibt sich aus dem Verhältnis von Sauerstoffverbrauch zu Sauerstoffzufuhr. Die Sauerstoffzufuhr läßt sich jedoch für einen bestimmten O_2-Gehalt direkt aus dem Sauerstoffverbrauch ermitteln.

Der Sauerstoffverbrauch läßt sich stichprobenweise im Atmungstest (Sauerstoffabnahme im geschlossenen Gefäß bei simulierter Belastung) und kontinuierlich in einer simulierten Großanlage (z. B. Abnahme des O_2-Gehalts der zugeführten Luft bei geschlossenem Gefäß) bestimmen (Abb. 2).

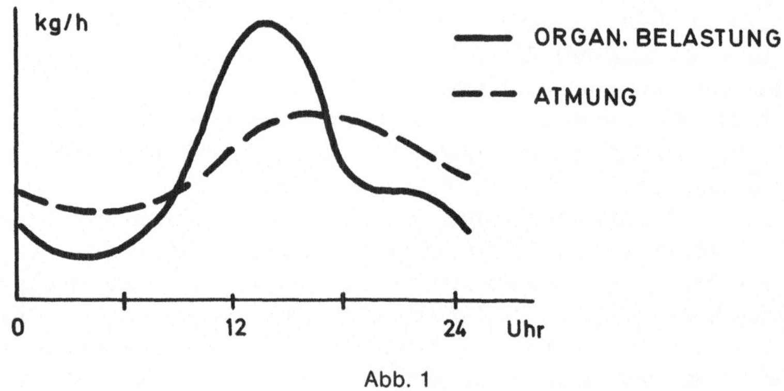

Abb. 1

Da zwischen Sauerstoffzufuhr und Energieaufwand bei den verschiedenen Belüftern eine Beziehung besteht, kann die O_2-Zufuhr über den Energieaufwand gesteuert werden.

$$OC = \frac{9}{9-1,5} \cdot OV; \quad \frac{OC}{N} = 1,8 \; \frac{kgO_2}{kWh}; \quad N = 0,67 \cdot OV$$

Z. B. für $OV = 300 \; kg \; O_2/h$ ist $N = 200 \; kW$

Zur Kontrolle ist der O_2-Gehalt im Belebungsbecken zu registrieren.

7. Der Schlammgehalt im Belebungsbecken wird durch den ÜS-Abzug gesteuert (konstante Rücklaufschlammenge vorausgesetzt). Im Gegensatz zu O_2-Zufuhr und O_2-Verbrauch brauchen ÜS-Abzug und

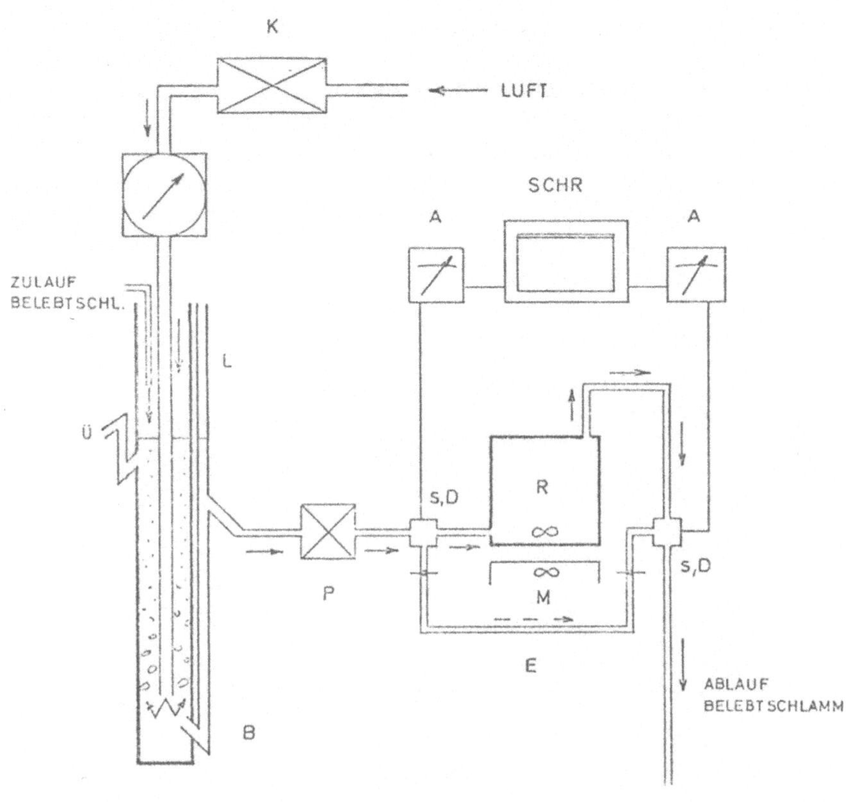

P	PUMPE
K	KOMPRESSOR
G	GASZÄHLER
B	BELÜFTUNGSGEFÄSS
Ü	ÜBERLAUF
L	LUFTBLASENABSCHEIDUNG
D	DURCHLAUFZELLE
R	REAKTIONSGEFÄSS
M	MAGNETRÜHRER
E	EICHKURZSCHLUSS
A	ANZEIGE
SCHR	SCHREIBER
S	SONDE

Abb. 2: Gerät zur kontinuierlichen Atmungsmessung

Schlammzuwachs zeitlich nicht übereinzustimmen. Geringe Abweichungen vom angestrebten Schlammgehalt (z. B. $TS_R = 3,5$ kg/m³) sind ohne Einfluß auf die Reinigungswirkung.

8. Der Abzug von Überschußschlamm sollte deshalb mit anderen Betriebsvorgängen koordiniert werden. Es ist bekannt, daß sich Überschußschlamm am besten gemeinsam mit dem Schlamm aus der Vorklärung eindicken läßt. Vermutlich dürfte es zweckmäßig sein den Überschußschlamm proportional zum Schlamm aus den Vorklärbecken und Eindickern zuzuführen.

9. Der tägliche abzuziehende Überschußschlamm kann aus dem Trockengewicht des Schlammes im Belebungsbecken (bzw. Rücklauf-

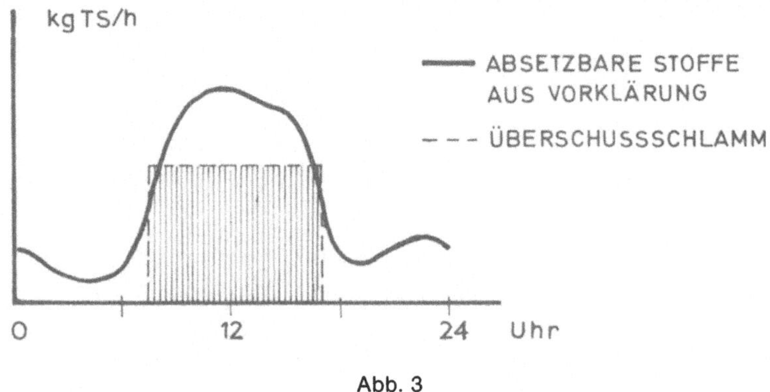

Abb. 3

schlamm) ermittelt werden. Eine einfache Betriebsweise ist die Einstellung eines konstanten Schlammgehaltes. Bei einem angestrebten Schlammalter von 5 Tagen wird z. B. ¹/₅ des Volumens des Belebungsbeckens als Überschußschlamm direkt aus dem Belebungsbecken abgezogen. Eine Schnellbestimmung bzw. kontinuierliche Messung des Schlammgehaltes dürfte u. a. über den TOC (verdünnte Probe) möglich sein, da ein annähernd konstantes Verhältnis zwischen TOC und organischem Trockengewicht des Schlammes besteht.

10. Wird die TOC-Fracht verfolgt, so kann aufgrund einer Bilanz der ÜS-Anfall angenähert ermittelt werden.

$$Q_{ÜS} \cdot TOC_{RS} = Q(TOC_V - TOC_A) - V_{BB} \cdot TOC_{ÜV}$$
$$Q_{ÜS} = \text{Überschußschlamm (m³/d)}$$

$$
\begin{aligned}
Q & = \text{Abwassermenge (m}^3/\text{d)} \\
TOC_{RS} & = \text{TOC-Rücklaufschlamm} \\
TOC_{V;\,A} & = \text{TOC-Ablauf Vorklärung bzw. Ablauf Nachklärung}
\end{aligned}
$$

Der im Betriebsstoffwechsel zu CO_2 oxidierte organische Kohlenstoff (TOC_{OV}) kann aus dem Sauerstoffverbrauch errechnet werden. Wird der Sauerstoffverbrauch nicht gemessen, so kann aus den Betriebsergebnissen ein entsprechender Faktor (g) für die Überschußschlammproduktion im Verhältnis zum TOC-Abbau ermittelt werden.

$$Q_{\ddot{U}} \cdot TOC_{RS} = g \cdot Q(TOC_V - TOC_A) \quad \text{oder}$$

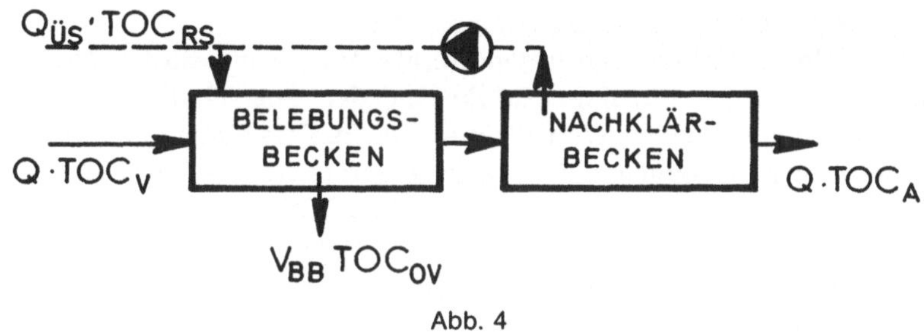

Abb. 4

die abzuziehende ÜS-Menge selbst:

$$Q_{\ddot{U}} = g \cdot Q \, \frac{(TOC_V - TOC_A)}{TOC_{RS}}$$

Als Kontrolle dient der TOC des Rücklaufschlammes und der Schlammspiegel im Nachklärbecken (besonders für Rundbecken geeignet).

11. Es wird vorgeschlagen die Rücklaufschlammenge für den maximalen Zufluß zu bemessen und mit konstanter Menge zu betreiben. Der Höhenunterschied zwischen Belebungs- und Nachklärbecken sollte möglichst klein (0,5 m) gehalten werden. Der Energieaufwand um 1 m³ Rücklaufschlamm zu heben liegt in der Größenordnung von 5 Watt, um 1 m³ Abwasser zu reinigen, werden etwa 100 Watt benötigt. Es besteht also keine Veranlassung aus Energiegründen die Rücklaufschlammenge zu verändern.

P. Brouzes *

Steuerung des Belebtschlammprozesses: Anwendungen

Zusammenfassung der Methoden zur Auswertung der Daten von Atmungsmessungen, Einzelwerten und kontinuierlichen Messungen über das Zellwachstum im Belebtschlamm. Die Wachstumsrate wird durch diese Methode ermittelt und gesteuert.

Für kleine Anlagen gestatten Geräte auf Grund dieser Methode eine Steuerung der Sauerstoffzufuhr und der Überschußschlammproduktion und geben einen Wert für die tägliche Verschmutzung an.

Bei Industrieanlagen werden solche Geräte für die kontinuierliche Steuerung von Sauerstoffzufuhr und Zellwachstum verwendet; sie registrieren die Größe der entfernten organischen Verschmutzung, berechnen die Dosierung von Chemikalien entsprechend der entfernten Verschmutzung, und regeln, falls erforderlich, den Zulauf von Schmutzwasser zur Kläranlage.

Bei großen Anlagen werden für die Ausführung dieser Aufgaben Digitalrechner in „real time" verwendet. Hier können sie auch zur Zentralisierung und Verarbeitung einer großen Anzahl von anderen Parametern eingesetzt werden.

Durch Anwendung dieser Methoden können Ausgaben für die Belüftung verringert werden, da die Menge der eingesetzten Energie nur von der Menge an gelöstem O_2 und der Belebtschlammmenge abhängt. Darüber hinaus kann der zeitliche Abstand zwischen den üblichen Dosierungen und den manuellen Eingriffen länger gewählt werden, da die Steuerung besser und die Sicherheit größer ist.

Theoretische Grundlagen

Die drei Faktoren, die den Sauerstoffverbrauch einer Belebtschlammkultur beeinflussen sind:

---

* P. *Brouzes*, C.R.O.D.A., 11, rue Roger Bacon, 75 Paris 17ième, France.

Bedarf während der Zeit des Zellaufbaues bei Nährstoffangebot
Abnahme zufolge Eigenzehrung
Abnahme zufolge des entfernten oder verlorengegangenen Teiles
des Belebtschlammes.

$$\frac{dO'}{dt} = B'\,Ko - O'\,Ka - O'\,Kd \tag{1}$$

wobei bedeuten:

O'   Sauerstoffverbrauch je Zeiteinheit $m^3 t^{-1}$

B'   entfernte BSB-Menge je Zeiteinheit $m^3 t^{-1}$

Ko   Wachstum des Sauerstoffverbrauches t^{-1}

Ka   Abnahme zufolge endogener Atmung t^{-1}

Kc   Wachstumsrate der Kultur t^{-1}

Kd   Verdünnungsrate (Abnahme des
           O_2-Verbrauchs zufolge Verlust oder Entfernung
           von Belebtschlamm) t^{-1}

Die Wachstumsrate der Belebtschlammkultur hängt mit den im
Belebungsbecken beobachteten Änderungen zusammen, zuzüglich der
Verdünnungsrate, das heißt

$$Kc = \frac{dO'}{O'dt} + Kd \tag{2}$$

Die Wachstumsrate, wie sie in (2) definiert ist, kann durch Beeinflussung der Verdünnungsrate Kd praktisch konstant gehalten werden.

Anwendungsbeispiel in einer Papierfabrik

Fabrik: Cellulose des Ardennes Belges (2. Ausbaustufe)

Behandelte Wassermengen:	2.150 m^3/h
BSB zu entfernen:	15.600 kg/d
Vorklärung:	138 m^3

Biologische Stufe

BSB,biologisch zu entfernen	11.000	kg/d
Belebungsbecken Volumen	11.700	m^3
Aufenthaltszeit	5,5	h

Belüftung mit 12,55 kW Oberflächenbelüftern mit konstanter Geschwindigkeit und variabler Eintauchtiefe, Steuerung der Belüftung durch Änderung des Wasserspiegels im Belebungsbecken mittels Digitalanzeige über Tauchrohre

Wiederbelüftung des Belebtschlammes: Vol. 3.500 m³

Belüftung durch 4,30 kW Oberflächenbelüfter.

STEUERPULT

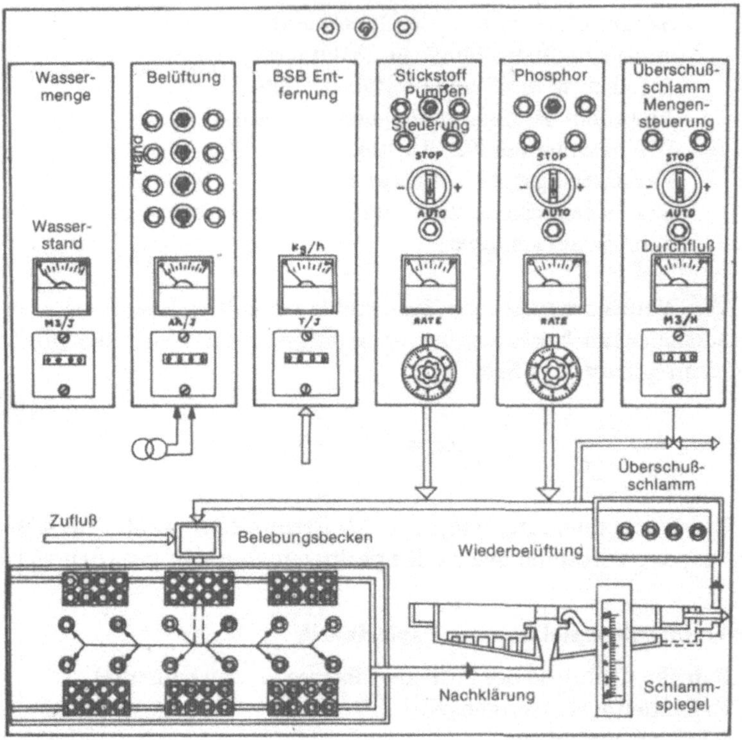

Nachklärung

Fläche: 1.970 m²

Rücklaufverhältnis: 80%

Zentrale Messungen

Wassermenge, die behandelt wird

Temperatur im Belebungsbecken

Gelöster Sauerstoff im Belebungsbecken
Wasserstand im Belebungsbecken
Stromaufnahme der Oberflächenbelüfter
Abgezogene Überschußschlammenge
Menge an gelöstem Stickstoff
Menge an gelöstem Phosphor

Automatische Überwachung

Digitale Überwachung der Tauchrohre zur Steuerung der Belüftung
Automatische Überwachung des Überschußschlammanfalls um eine richtige Wachstumsrate einzuhalten
Automatische Zugabe des benötigten gelösten Stickstoffes
Automatische Zugabe des benötigten gelösten Phosphors
Fortlaufende Berechnung des entfernten BSB.

Beispiel der Verwendung einer Digitalrechenanlage in „Real Time", Kläranlage Paris Acheres (3. Ausbaustufe)

Behandelte Wassermenge   900.000 m³/d
Angeschlossene Bevölkerung   3,000.000 EW
Vorklärung   8 × 50 m ø
Biologische Stufe:
    Belebungsverfahren und hochbelastete Schlammfaulung
Ausführung:
    Service Technique de la Ville de Paris
    Monsieur Olivesi, Directeur des services industriels et commerciaux·
    Monsieur Feuillade, Ingenieur general des services techniques
Forschung und Entwicklung der zentralen Meß- und Überwachungsgeräte:
    Centre de Recherche de l'Omnium d'Assainissement (CRODA)
Betriebsbeginn: Ende 1971

Zentrale kontinuierliche Messungen

Außenbedingungen
    Wasserstand der Seine   1
    Umgebungstemperatur   1

Kanäle

    Wasserstand   5

    Schieberstellung   14

Vorbehandlung

    Anzahl der Sandfänge in Betrieb   8

    pH   3

    Frischschlammenge   2

Vorklärung

    Zulauf   2

    Schlammspiegel   8

    Stromaufnahme Räumer   8

    Konzentration Rohschlamm   8

    Rohschlammfracht   8

    Menge des entfernten Rohschlammes   8

Biologie

    Zulauf   4

    Druckluft Menge   4

    Druckluft Druck   1

    Rücklaufschlammenge   3

    Überschußschlammenge   4

    Temperatur Schlamm   1

    gelöster Sauerstoff   8

    Sichttiefe Belebt- u. Rücklauf-Schlamm   8

Nachklärung

    Schlammspiegel   9

    Stromaufnahme Räumer   9

Durchsichtigkeit Ablauf   12

Faulung   62

Gesamtenergieverbrauch   1

Automatisierte Einrichtungen

Elf Hauptüberwachungsstellen sollen selbsttätig arbeiten. Der Zulauf zur Vorklärung und Biologie soll selbsttätig auf vorbestimmte Werte gebracht werden.

Die Belüftung des Belebtschlammes, die Energie in der Größenordnung von 2.400 PS erfordert, sollte durch die tatsächliche Atmung der Mikroorganismen gesteuert werden. Die Gesamtmenge der Preßluft und ihre Verteilung in die verschiedenen Teile der Anlage sollte auto-

78

matisch geregelt werden. Die Regelung jener Wachstumsrate, die eine möglichst gleichmäßige Reinigungsleistung aufrecht erhält, wird nach obiger Theorie berechnet. Die Berechnung der zu entfernenden Überschußschlammenge wird vom Computer in „real time" durchgeführt werden.

	Einstellungen von der Zentrale	automatische Überwachung durch Computer
Durchfluß abgesetztes Wasser	2	2
Durchfluß gereinigtes Wasser	4	4
Verteilung der Luftversorgung	1	1
Gesamtmenge der Luftversorgung	1	1
Durchfluß Überschußschlamm	3	3
Lufteinstromöffnungen	3	
Frischschlammabzug	8	
Verteilung abges. Wasser	30	
Steuerung der Kanalschieber	14	
	66	11

Berechnungen:

Folgende Berechnungen erfolgen durch Computer: Die Zeitfunktion um die verschiedenen Unterprogramme zu starten und um die Zeitspur (track of the time) zu halten.

Scaling

Linearisierung der empfangenen Signale, wie Lösung von Quadratwurzeln oder speziellen Funktionen.

Kontrolle der eingegebenen Alarmwerte (96 verschiedene Kanäle werden kontrolliert).

Tägliches Summieren von 72 Werten (Addition, Integration, Verhältnisberechnung, Abteilung, etc.)

Peter C. G. Isaac und *R. L. Hibberd* *

Die Verwendung von Mikrosieben und Sandfiltern bei der dritten Reinigungsstufe

Die normale Abwasserbehandlung, bestehend aus Vorklärung, biologischer Reinigung durch Belebtschlamm oder Tropfkörper, und Nachklärung kann durchwegs Abläufe erreichen, deren Schwebstoffgehalt kleiner als 30 mg/l und deren biochemischer Sauerstoffbedarf (BSB) kleiner als 20 mg/l ist. In steigendem Maß sind in vielen europäischen Ländern diese Kläranlagenabläufe nicht gut genug, da sie in Vorfluter geleitet werden, die nur eine geringe Verdünnung ergeben oder für Trinkwasserzwecke verwendet werden; oft treffen auch beide Fälle zu. Als Beispiel kann die Kläranlage von Luton genannt werden, die ihren Ablauf in den Fluß Lee ableitet, der bei trockenem Sommerwetter eine Verdünnung von weniger als 1 : 1 garantiert und der später als Trinkwasserquelle von der Londoner Wassergesellschaft verwendet wird.

Die Filtration von solchen 30/20 Abläufen durch Papier bewirkt sowohl Entfernung der Schwebstoffe als auch eine Verbesserung im Aussehen des Ablaufes; der BSB wird dabei um 50 bis 90% reduziert.

Die dritte Reinigungsstufe wird immer mehr angewandt um Feststoffe im Ablauf nach der zweiten Stufe zu entfernen und daher auch den BSB zu reduzieren. Die häufigsten Verfahren die in Großbritannien bei großen Anlagen angewandt werden sind Mikrosiebe und Sandschnellfilter. Dieser Beitrag bespricht die Prozesse und diskutiert deren Wirksamkeit und Kosten. Die angeführten Kosten wurden teilweise Beiträgen entnommen, die in diesem Aufsatz erwähnt werden und teilweise aus Fragebögen, die wir an die Leiter jener Kläranlagen verschickt haben, die eine dritte Reinigungsstufe in Betrieb hatten.

* Peter C. G. *Isaac* und R. L. *Hibberd:* Department of Civil Engineering, University of Newcastle upon Tyne, Newcastle upon Tyne, NE 17 RU, England.

Mikrosiebe

Mikrosiebe wurden ursprünglich für die Wasserreinigung entwikkelt, wobei das feine rostfreie Stahlgewebe sehr wirksam in der Entfernung von Algen ist, bevor das Wasser zu den Sandfiltern gelangt; für die dritte Reinigungsstufe wurde dieses Verfahren gegen Ende der 40er Jahre versucht (Pettet und andere, 1949). Das Gewebe, mit Größen von 23, 35 und 65 μ (bzw. Marken 0, I und II), wird um die Außenseite einer sich langsam drehenden Trommel gelegt. Das zu behandelnde Wasser fließt von der Innenseite der Trommel nach außen, wobei der Druckverlust mit 15 cm begrenzt ist. Die Matte an der Innenseite der Trommel wird durch Hochdruckrein- oder Ablaufwasser während des Betriebes gereinigt.

Wenn man diese Einrichtung für die Abwasserbehandlung benützt, so wächst eine schleimige Bakterienschichte auf dem Gewebe; Dies wird durch eine hochintensive Ultraviolettlampe verhindert. Truesdale und Birkbek (1967) zeigten, daß die Lampe eine Ansammlung biologischen Materials verhindern konnte und kein Ansteigen des Durchflusses nach Behandlung des Gewerbes mit Natriumhypochlorit beobachtet wurde.

Mikrosiebe sind für einen großen Bereich der Schwebstoffkonzentration im Zulauf gut geeignet (Truesdale und andere, 1964). Die Schwebstoffkonzentration des Zulaufes hat einen geringen aber signifikanten Einfluß auf eine Konzentration, die sich im Endablauf einstellt. Diese Forscher zeigten, daß im Bereich der Zulaufkonzentration von 25 bis 120 mg/l die Schwebstoffkonzentration im Ablauf normalerweise geringer als 20 mg/l war, sogar in Fällen, in denen die Durchflußmenge durch die Trommel den Maximalwert erreichte. Für die Verwendung bei der dritten Reinigungsstufe ist es jedoch sehr wichtig, daß Versuche von Harpenden mit nicht abgesetzten Filterablaufproben zeigten, daß ein kleiner Rest von Schwebstoffen (zwischen 5 und 10 mg/l) nicht entfernt werden konnte und immer durch das Gewebe gelangte.

Im Betrieb ist es notwendig die Durchflußmenge so zu begrenzen, daß der Druckverlust durch das Gewebe nicht größer als 15 cm ist. Die Schwebstoffkonzentration im Zulauf zum Sieb kann abgeschätzt werden, und es kann daher auf das Maß der Behandlung eingewirkt werden; Truesdale und andere (1964) zeigten einen sehr bemerkenswerten Zusammenhang zwischen Schwebstoffgehalt im Zulauf und der Zeit die zur Behandlung einer gewissen Flüssigkeitsmenge erforderlich ist:

die Wirkung der Behandlung fällt mit steigendem Feststoffgehalt im Zulauf.

Truesdale und andere zeigten, daß Schwebstoffkonzentrationen unter 10 mg/l in ca. 40% der Zeit erzielt wurden, die zugehörige Konzentration im Zulauf betrug ca. 40 mg/l. Andererseits wurde eine Konzentration unter 5 mg/l in weniger als 1% der Zeit erreicht. Die Anlage von Harpenden lieferte von einer zweistufigen Tropfkörperanlage einen gut oxydierten Ablauf. Um die Wirkung von Mikrosieben bei schlechten biologischen Abläufen zu untersuchen wurde die Anordnung der Filter umgekehrt, sodaß die Belastung 0,39 kg BSB/m³ . d betrug; der BSB des Ablaufes lag bei 50 mg/l. Als Folge schlammiger Ansammlungen auf dem Gewebe sank die Durchflußmenge stark ab. Die Schwebstoffkonzentration des Tropfkörperablaufes stieg von 25 auf 200 mg/l, die des Ablaufes der Mikrosiebe wuchs von 10 auf 45 mg/l an (Truesdale und Birkbeck, 1967).

Feldversuche (April 1966 bis März 1967) in Letchworth zeigten, daß Mikrosiebe sehr wirksam in der Verbesserung von gut nitrifizierten und abgesetzten Abläufen aus Belebungsanlagen sind. Während des ganzen Jahres war der Ablauf aus der Belebtschlammanlage von konstant hoher Qualität; der durchschnittliche Schwebstoffgehalt schwankte von 10 bis 34 mg/l. Es zeigte sich, daß das Mikrosieb eine kennzeichnende Verbesserung im Schwebstoffgehalt und BSB brachte, wobei die Schwebstoffkonzentration 10 mg/l in nur 7% der Fälle überschritten wurde und in einem Viertel der Beobachtungszeit unter 5 mg/l lag.

Die Waschwassermenge beträgt ca. 5% der Durchflußmenge (Truesdale und Birkbeck, 1967 und 1968). Gute Reinigung ist für eine große Durchflußmenge durch das Gewebe wichtig. Bei Feldversuchen in Letchworth wurden am Mikrosieb neuartige Hochdruckdüsen installiert und erhöhten die Durchflußmenge von 231 auf 302 m³/m² . d.

Obwohl ein beträchtlicher Unterschied in den Kapitalkosten der Einheitsfläche des Filtertuches besteht, fallen die Kosten aller Anlagen die nach 1965 errichtet wurden in den Bereich von £ 950 bis £ 1100 pro m² (mit durchschnittlichen Durchflußmengen von 2,5 bis 18,0 × 10³ m³/d). Der große Spielraum der Gesamtkosten pro Durchflußeinheit wird hauptsächlich durch die Veränderungen in der durchschnittlichen Durchflußmenge pro Flächeneinheit des Gewebes bei den verschiedenen Anlagen verursacht.

Die größtmögliche Durchflußmenge wird durch den Druckverlust durch das Gewebe begrenzt. Dies hängt wieder ab von der Art des zu behandelnden Ablaufes, des verwendeten Gewebes, vom Wirkungsgrad des Gewebereinigungsprozesses und der Drehgeschwindigkeit der Trommel. Eine typische maximale Durchflußmenge liegt bei 400 $m^3/m^2 \cdot d$.

Die jährlichen Betriebskosten einer Mikrosiebanlage liegen in der Größenordnung von 2% der Kapitalkosten. Dies gibt minimale Gesamtkosten von £ 0.0009/m³. Bei verschiedener Durchflußmenge durch das Mikrosieb steigen die Kosten pro Durchschnittsmenge entsprechend an. Eine große Abnahme der Kosten durch Vergrößerung der Anlage kann bei dieser Behandlungsmethode nicht erwartet werden, da eine Kapazitätsvergrößerung nur durch Hinzufügen kleiner Einheiten erreicht werden kann.

Bei hohem Schwebstoffgehalt (wenn z. B. bei Tropfkörpern biologischer Rasen abgeschwemmt wird) kann das Mikrosieb die oben erwähnte Durchflußmenge wahrscheinlich nicht bewältigen.

Sandschnellfilter

Sandschnellfilter wurden in Großbritannien in den vergangenen 20 Jahren in der dritten Reinigungsstufe von Abwasser verwendet. Solche Filter sind besonders für größere Kläranlagen geeignet, wo geschickte Bedienung und regelmäßige Wartung garantiert werden kann. Zu Beginn wurden die Filter von oben nach unten durchströmt, ebenso wie man das in der Wasserbehandlung für viele Jahre verwendete. In letzter Zeit wurden auch Filter verwendet die von unten nach oben durchflossen werden und Anthrazit/Sandfilter wurden im Modellmaßstab untersucht. Der wesentliche Gesichtspunkt bei dieser Neuerung besteht darin, daß der Wasserstrom vor Erreichen des feinen Sandfilters durch ein grobes Medium geleitet wird.

Die von oben nach unten durchflossenen Filter bestehen aus einer Schichte abgestuften Sandes in einer Stärke von 60—120 cm, der auf einer Stützschichte von grobem Sand und Kies ruht oder auf verschiedenen besonders entwickelten Filterböden. Der Filterboden enthält eine Anzahl von Düsen zur Sammlung des Filtrates und zur Verteilung der Luft und des Spülwassers. In der ersten abwärts durchflossenen Sandfilteranlage in Luton wird abgestufter Sand von 0,85 bis 1,67 mm in einem 1 m tiefen Bett verwendet (Evans und Roberts, 1952; Naylor und andere, 1967). Der abgesetzte Ablauf wird mit einer Filtergeschwindigkeit von 120–240 m³/m² . d behandelt (Truesdale und Birkbeck, 1967). Der Korndurchmesser des Sandes und die Entwurfsgrundlagen der Filtration werden bestimmt durch Größe und Art der Feststoffe die entfernt werden sollen, und in einem geringerem Maß durch den Druckverlust durch das Filterbecken. In den ersten Versuchen in Luton und Finham wurde auch Anthrazit als Filtermedium verwendet und erwies sich als gut geeignet (Pettet und andere, 1949), doch die Verwendung hat sich nicht allgemein durchgesetzt. Während die Verwendung von Anthrazit als Filtermedium bei Zweistoffiltern in der Wasserbehandlung ansteigt, scheint es keinen Vorteil gegenüber Sand als Filtermedium zu haben und wird nur wegen der geringen Dichte verwendet, und verbleibt infolgedessen beim Rückwaschen über dem feineren Sand (Tebbutt, 1971).

Das Filter muß mit Filtrat rückgewaschen werden; diese Filtratmenge kann mit ca. 2½% der gefilterten Menge angenommen werden und muß dem Zulauf zur weiteren Behandlung wieder zugeleitet werden (Truesdale und Birkbeck, 1967). Einige Schwierigkeiten gab es bei der gleichmäßigen Reinhaltung des Sandes nach dem Rückwaschen; die sich bildenden „Schmutzballen" können sich allmählich ausbreiten, bis der Bruch mit beträchtlichem Sandverlust eintritt (Naylor und andere, 1967).

Die erste große aufwärts durchflossene *Immedium*-Filteranlage wurde bei der Anlage East-Hyde, Luton B.C. ab Mitte 1969 in Dienst gestellt. Die Anlage wurde zur Behandlung von bis zu 68 000 m³/d ausgelegt um Ablaufwerte von 7/7 zu erreichen. Versuche in Luton (Naylor und andere, 1967) hatten gezeigt, daß die Feststoffe im Filterzulauf klebrig waren und durch normales Rückspülen, sogar mit Luft, nicht leicht entfernt werden konnten. Es wurde daher pulsierende Luft und Rückspülung eingerichtet. Diese Anlage entfernt 1 t/d an trockenen Feststoffen (Barrett, 1971). Ein weiterer Unterschied zwischen aufwärts und abwärts durchflossenen Filtern besteht darin, daß das aufwärts durchflossene Filter öfter eine größere Dicke des Sandbettes als das abwärts durchflossene (1,6 m in Luton) besitzt, und daß der Sand während der normalen Filtration durch ein Gitter nahe der Oberfläche des Sandes zurückgehalten werden kann; weiters ist es nützlich, daß das unfiltrierte Wasser zum Rückspülen verwendet wird. Es wird auch behauptet, daß der Durchgang des zu behandelnden Anlagenablaufes

84

durch das Unterbett eine mechanische Flockung der Feststoffe hervor-
ruft und sich das Waschwasser sehr rasch absetzt (Boby und Alpe,
1967). Naylor und andere (1967), schlagen vor – wahrscheinlich mit einem gut nitrifiziertem Ablauf (siehe z. B. die Diskussion von C. D.
Furness über Wood und andere, 1968) – auf Nachklärbecken vor der
Behandlung in aufwärts durchflossenen Filtern zu verzichten.

Eine kontinuierlich rückgespülte, radial durchflossene Filteranlage
wurde in Ungarn entwickelt und wird in Großbritannien als *Simater*-
Filter von Simon-Hartley Ltd. in Stoke-on-Trent vertrieben. Die Type
110 Simater mit einer Leistung von 520–640 m³/d und einer Schlamm-
produktion von 52–54 m³/d, wurde in Derby in der Zeit von Mai bis
Oktober 1968 untersucht. In der ersten Versuchsserie war der Sand
ganz fein, mit einem Korndurchmesser von 0,5–1 mm; in der zweiten
Versuchsserie wurde ein gröberer Sand von 1–2 mm verwendet. Das
Filter war in der Entfernung der Schwebstoffe sehr wirksam und erzielte einen Wirkungsgrad von 70–90%. Leider sind die Filtrationns-
mengen bei feinem Sand relativ gering und liegen bei 94 m³/m² . d. Der
gröbere Sand ergab einen Durchsatz von 115 m³/m² . d ohne besondere
Verschlechterung der Filtratqualität. Zusätzlich entspricht der Wa-
schwasserschlamm ca. 10% des Durchsatzes, was sehr viel ist. Doch ist
das wahrscheinlich ein Kennzeichen dieser besonderen Einheit, die
eine unterbelastete Abscheidungszone aufweist. Ein Wert von 5% ist
für solche Filter normal. Die Kapazität der größten derzeit käuflich er-
werbbaren Einheit beträgt nur 1.400 m³/d. Man entschied daher, daß
dieses Filter für die in Betracht gezogenen Größen in Derby nicht ökonomisch anwendbar ist (Joslin und Greene, 1970). Die Einheit für 1.400
m³/d kostet £ 5.500,–. Angestellte Berechnungen deuten darauf hin,
daß konventionelle Sandschnellfilter mit einer Durchflußmenge von
200 m³/m² . d und Kosten von £ 500/m² unter Vernachlässigung des
Einflusses der Maßstabänderung £ 3500 kosten würden. Das kontinuierlich durchflossene Filter gewährleistet einen beträchtlichen Spielraum für künftige Entwicklung, und es ist wahrscheinlich, daß die Er-
zeugung der Einheit von 4550 m³/d in Stoke-on-Trent den Unterschied
in den Kosten besonders für kleine Installationen reduzieren wird.
Eine kontinuierliche Anlage wird laufend verglichen mit aufwärts
durchflossenen Filtern in Thamesside und die Ergebnisse dieser Untersuchung sollten von beträchtlichem Wert sein.

Im Schnellsandfilter findet sicherlich ein biologischer Vorgang

statt, da das Wasser beim Durchgang durch das Sandbett Sauerstoff
verliert (Wood und andere, 1968). In der Anlage in Monsanto jedoch
trat kein größerer Sauerstoffverlust auf, der wahrscheinlich auf keim-
tötendes oder bakteriostatisches Material im chemischen Ablauf zurückzuführen ist (Wilson, 1960). Die Entfernung von Ammoniakstick-
stoff ist im Schnellfilter nicht größer als im Mikrosieb und die BSB-
Entfernung ist ziemlich ähnlich.

Die Ergebnisse der Versuche von Wood und anderen (1968) zeigen
jedoch eine viel stärkere Wirksamkeit der biologischen Behandlung bei
der BSB-Entfernung bei relativ geringen Filtrationsmengen im aufwärts durchflossenen Filter. Das Versuchs-Immedium-Filter wurde mit
vier verschiedenen Mengen, von $130 \div 360$ m³/m² . d, betrieben. Durch
Vergleich der Meßwerte kann man ersehen, daß das Verhältnis von ent-
ferntem BSB : Schwebstoffgehalt bei geringen Filtrationsmengen hoch
ist und über 230 m³/m² . d rasch abfällt; siehe auch folgende Tabelle:

Filtratmenge m³/m² . d	Verhältnis	BSB entfernt / Schwebstoffe entfernt	BSB entfernt %
130	1.27		93
230	1.44		91
290	1.75		87
350	0.73		58

Dieser Effekt ist wahrscheinlich auf bessere Flockung und Entfer-
nungsbedingungen bei geringeren Mengen zurückzuführen, die es gestatten mehr „biologische" Feststoffe zu beseitigen; weiters tritt noch
ein vergrößerter Effekt irgendeiner biologischen Aktivität auf. Dieser
Sauerstoffentzug muß berücksichtigt werden, und es können Stufen erforderlich sein um den filtrierten Ablauf wieder mit Sauerstoff zu behandeln. Wilson (1960) sah eine Kessenerbürste zur Wiederbelüftung
vor, die sich als nicht notwendig herausstellte und Wood und andere
(1968) errichteten eine kleine Kaskadenbelüftung um das Filtrat ihrer
Versuchsanlage wieder zu belüften.

Eine bakteriologische Untersuchung wurde von Allen und anderen
(1949) in Zusammenhang mit früheren Versuchen mit Sandfiltern in
Luton und Shenley durchgeführt. Diese Untersuchungen zeigten, daß
beim Blockieren des Filters bis zu 89% der Bakterien (Auszählung bei

20° C) durch das Sandfilter entfernt werden konnten und bis zu 87%
durch Anthrazit Filter. Trotzdem verblieb eine große Bakterienmenge
im Filtrat; das Sandfiltrat enthielt im Durchschnitt 400 000 Coli/100
ml, 366 000 fäcale Coli/100 ml und 19 000 fäcale Streptokokken/100 ml
(Allen und andere, 1949). Es ist daher offensichtlich, daß man mit
Sandfiltern nicht alle Bakterien von Kläranlagenabläufen entfernen
kann.

Die Kosten der Sandfilter werden beträchtlich dadurch beeinflußt,
daß der Hauptstrom gepumpt werden muß. Der Druckverlust durch die
Anlage liegt bei 3 m und es gibt nur wenige Anlagen, die dieses Gefälle
durch Schwerkraft garantieren. Die in Tabelle 2 zusammengestellten
Kosten zeigen Kosten von £ 400–500/m² wenn kein Pumpen erforderlich ist und solche von £ 600–940/m² für neuere Anlagen, bei denen
Pumpen erforderlich ist. Die Filtrationsmengen die gegenwärtig angewandt werden, liegen unter den 600 m³/m² . d, die bei den Versuchen
in Minworth (biologische Filteranlage) angewandt wurden. (Tebbutt
1971). Aus den Ergebnissen von Minworth schloß man, daß der Wirkungsgrad der Filter durch die Filtrationsmenge im Bereich von
100–600 m³/m² . d nicht sehr stark beeinflußt wird. Die Ergebnisse der
Arbeiten von Joslin und Greene (1970) zeigen jedoch eine geringe Abnahme im Wirkungsgrad bei größeren Mengen, aber es scheint, daß
eine wesentliche Kostenverminderung durch größere Filtrationsmengen
erreicht werden könnte. Für maximale Filtrationsmengen von 400
m³/m² . d und jährlichen Betriebskosten von 3% der totalen Kapitalkosten betragen die minimalen Gesamtkosten £ 0,0004/m³ wenn kein
Pumpen erforderlich ist (£ 450/m²) und £ 0,0008/m³ wenn Pumpen notwendig ist (£ 800/m²). Diese Kosten sind bedeutend niedriger als die
der früher erwähnten Mikrosiebe. Man schätzt, daß die Ausmaße der
untersuchten Sandfilteranlagen im Durchschnitt beträchtlich größer
sind als die der Mikrosiebe. Die Abnahme der Einheitskosten mit Vergrößerung des Maßstabes ist nicht sehr markant, und man kann keinen
großen Unterschied beim Vergleich erwarten. Kosten der Waschwas-
serbehandlung wurden nicht verglichen, sind aber wieder nicht signifikant unterschiedlich.

Ungeachtet der hohen Kosten von Sandschnellfiltern ist es wahrscheinlich, daß diese Methode die einzige Art der dritten Reinigungsstufe darstellt, die Werte von 10/10 zuverlässig erzielt; ausgenommen
sind Fälle, in denen Land zur Errichtung von Lagunen in großer

Menge zur Verfügung steht. Wie man aus Tabelle 2 ersehen kann, erreicht die Schnellfiltration eine Verminderung im Schwebstoffgehalt von 60–75% und des BSB von ca. 50%; Tchobanoglous (1970) zeigte, daß eine wesentlich höhere Verminderung bis zu 95% des Schwebstoffgehaltes) durch die Verwendung von Polyelektrolyten erreicht werden kann.

F. M. Middleton *

Entwurf von Anlagen zur Phosphorentfernung

In den Vereinigten Staaten werden von den zuständigen Stellen für Wasserproben Phosphorgehalte von 2 mg/l (als P) oder oft sogar von 1 mg/l gefordert. Die herkömmliche biologische Reinigung entfernt den Phosphor selten unter 4–7 mg/l.

Ungereinigtes Wasser enthält in den USA 10–12 mg/l Phosphor. Konstrukteuren von Kläranlagen stehen verschiedene Möglichkeiten zur Phosphatentfernung zur Verfügung, je nach Art der Kläranlage und dem geforderten Reinigungsgrad. Die biologische Abbaufähigkeit sollte voll ausgenützt werden, aber in nahezu allen Fällen wird eine chemische Behandlung notwendig sein. Kalk-, Aluminium- und Eisenverbindungen sind wirksame Chemikalien zur Phosphorentfernung und sind fast überall zu bekommen. Eisensalze aus den Abwässern der Beizerei in Stahlwerken finden ebenfalls bei dieser Behandlung Anwendung.

Phosphor kann in Tropfkörperanlagen dadurch entfernt werden, daß man in die Vorbehandlung, das Absetzbecken oder an anderen Stellen der Anlage Chemikalien zusetzt. Zusätzlich zu den Metallsalzen können zur Verbesserung der Flockungs- und Absetzeigenschaften Polymere zugesetzt werden. Bei der Phosphorentfernung wird auch der Kolloidgehalt verringert, sodaß insgesamt eine Verbesserung des Ablaufes bezüglich BSB und Schwebstoffgehalt erreicht wird. Phosphorentfernungsanlagen können leicht zu bestehenden Anlagen dazugebaut werden. Der Hauptkostenanteil entsteht durch die Chemikalien. Eine 30 sec dauernde Intensivmischung gefolgt von 1–5 min Flockung bei raschem und 5–20 min Flockung bei langsamen Rühren bringt gute Resultate.

* F. M. *Middleton*, Advanced Waste Treatment Research Laboratory, EPA, R. A. Taft Water Res. Center, 4676 Columbus Parkway, Cincinnati/Ohio 45226, USA.

Die wichtigsten Parameter für eine erfolgreiche Phosphorentfernung sind:

1. Stündliche Feststellung des Phosphorgehaltes im Zu- und Abfluß.
2. Festsetzung des molearen Verhältnisses der verwendeten Chemikalien für die richtige Dosierung, gewöhnlich 2 : 1 oder 1,5 : 1.
3. Zugabe von üblicherweise weniger als 1 mg/l Polymer.
4. Schlammwasser sollte separat mit Aluminium und Kalk behandelt werden.
5. Das Schlammgewicht kann sich verdoppeln, nicht das Schlammvolumen. Faulung und Gasproduktion werden nicht beeinträchtigt.
6. Der Schlamm kann in der üblichen Weise weiterbehandelt werden.
7. Die Kosten belaufen sich auf ca. 32 g/m³ (5 c/1000 gal) bei 80% P-Entfernung. Weitergehende P-Entfernung kostet mehr.
8. In manchen Fällen liegt der Fe-Gehalt im Abfluß höher als erwünscht, wenn Eisensalze im Nachklärbecken zugegeben werden.

Bei Belebungsanlagen können die Chemikalien zur Vorklärung, in das Belebungsbecken (günstigerweise am Ende des Beckens) oder erst nach der biologischen Reinigung zugegeben werden. Verschiedene Schemata dieser Phosphorentfernungsanlagen sind in Abb. 1 dargestellt. Die Zugabe der Chemikalien während der biologischen Reinigung bringt mehrere Vorteile:

1. Misch- und Reaktionszeit fallen in die Reinigungszeit.
2. Das Nachklärbecken erfüllt zwei Aufgaben.
3. Die biologische Flockung fördert das Absetzen und die Chemikalien fördern die Absetzmenge.
4. Der abfließende Phosphor ist an Chemikalien gebunden.

Ein Nachteil entsteht dadurch, daß mit den Chemikalien Sulfat-, Chlorid- bzw. Natriumionen ins Wasser gelangen. Kalk kann bei Zugabe in die Vorklärung bzw. nach dem Absetzbecken zurückgeführt und teilweise wiederverwendet werden.

Die Erhöhung der spezifischen Kosten durch die Entfernung des Phosphors bei normalen Belebungsanlagen beläuft sich auf ca.

$$
\begin{array}{llll}
25\% & \text{bei} & 1 & \text{mgd Anlagen (ca.} & 5\,000 & \text{m}^3/\text{d)} \\
28\% & \text{bei} & 10 & \text{mgd Anlagen (ca.} & 50\,000 & \text{m}^3/\text{d)} \\
42\% & \text{bei} & 100 & \text{mgd Anlagen (ca.} & 500\,000 & \text{m}^3/\text{d)}
\end{array}
$$

Mehrere Städte in den USA haben Phosphorentfernungsanlagen in Betrieb oder in Planung.

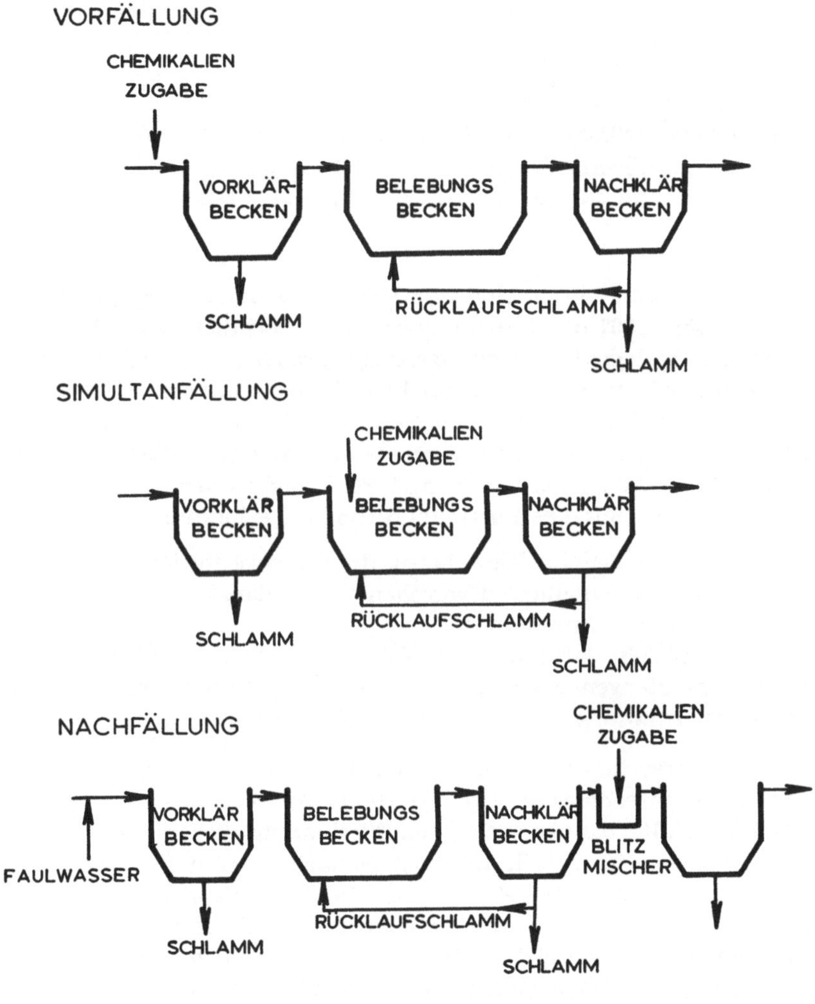

VORFÄLLUNG
CHEMIKALIEN ZUGABE
VORKLÄR-BECKEN
BELEBUNGS BECKEN
NACHKLÄR BECKEN
SCHLAMM
RÜCKLAUFSCHLAMM
SCHLAMM
SIMULTANFÄLLUNG
CHEMIKALIEN ZUGABE
VORKLÄR BECKEN
BELEBUNGS BECKEN
NACHKLÄR BECKEN
SCHLAMM
RÜCKLAUFSCHLAMM
SCHLAMM
NACHFÄLLUNG
CHEMIKALIEN ZUGABE
FAULWASSER
VORKLÄR BECKEN
BELEBUNGS BECKEN
NACHKLÄR BECKEN
BLITZ MISCHER
SCHLAMM
RÜCKLAUFSCHLAMM
SCHLAMM
P - ENTFERNUNGSSYSTEME

Abb. 1

Pierre Wildi *

Betriebserfahrungen und -ergebnisse mit der Simultanfällung zur Phosphatelimination in Belebtschlammanlagen für 5 000 bis 30 000 Einwohner im Kanton Zürich

1. Im Kanton Zürich sind alle Gemeinden im Einzugsgebiet von Seen im Jahre 1967 durch den Regierungsrat verpflichtet worden, ihre mechanisch-biologischen Abwasserreinigungsanlagen mit einer dritten Reinigungsstufe zur Ausfällung der Phosphate auszurüsten.

In Übereinstimmung mit den Eidg. Richtlinien vom 1. September 1966 über die Beschaffenheit abzuleitender Abwässer darf der Phosphatgehalt im Anlagenabfluß 2 mg/l PO_4^{3-} nicht übersteigen. Im allgemeinen wird somit eine Elimination von 85% erforderlich sein.

2. In sämtlichen 18 Kläranlagen, die gegenwärtig im Kanton Zürich mit Phosphatelimination versehen sind, gelangt das Simultanfällungsverfahren zur Anwendung.

Dieses besteht darin, daß dem Zu- oder Abfluß der Belebungsbekken geringe Mengen Eisenchlorid beigegeben werden. Dieses Eisenchlorid ist als Lösung mit 11% und mit 14% Fe^{3+} erhältlich.

3. Vorversuche und Untersuchungen hatten ergeben, daß im allgemeinen eine Eisenchloridmenge, die 10 mg Fe^{3+}/l Abwasser entspricht, ausreichen sollte, um den verlangten Eliminationseffekt zu erzielen.

Die Chemische Fabrik Uetikon, Herstellerin von Eisenchloridlösung, führt seit Februar 1971 in einer Belebtschlammanlage für 5 000 Einwohner Versuche mit Aluminiumsulfat als Fällungsmittel durch. Anscheinend kann der gleiche Effekt erzielt werden wie mit Eisenchlorid. Diese Firma gibt folgendes Verhältnis zwischen Eisen und Aluminium bekannt:

---

* Pierre *Wildi:* Gewässerschutzabteilung Kanton Zürich, Kantonale Baudirektion, Ch-8090 Zürich, Schweiz.

10   g Fe^{3+} entspricht:

71,5 g $FeCl_3$ mit 14% Fe^{3+} oder 46 ml Lösung

oder   53,6 g Aluminiumsulfat mit 17% Al_2O_3

oder 115   g einer 47%igen Aluminiumsulfatlösung

oder   4,8 g elementares Aluminium.

Da wir weder praktische Erfahrung noch eigene Untersuchungsresultate mit der Verwendung von Aluminiumsulfat haben, kann hierüber vorderhand nicht berichtet werden.

4. An Einrichtungen zur Simultanfällung sind im wesentlichen nur Vorratsbehälter (glasfaserarmierte Kunststofftanks oder beschichtete Betonbehälter) und Dosieraggregate erforderlich.

In kleinen Anlagen erfolgt die Fällmittelzugabe meist gleichmäßig über 24 Std. In anderen Anlagen werden zwei Dosierstufen angewendet, eine höhere Menge tagsüber und eine kleinere nachts. In einigen größeren Anlagen wird mit 2 oder sogar 3 unterschiedlichen spezifischen Zugabemengen (mg Fe/l) über 24 Std. gearbeitet, die zudem automatisch in Funktion der Ganglinie des Trockenwetteranfalles dosiert werden. In Anlagen mit bedeutendem Anteil an industriellem Abwasser ist man dazu übergegangen, die Zugabemenge der je nach Wochentag wechselnden täglichen Phosphatfracht anzupassen.

Es darf festgestellt werden, daß es nicht erforderlich ist, die Zugabemenge an Eisen der Ganglinie der Abwasserzuflußmenge genau anzupassen. Durch die Rezirkulation des Eisenrückschlammes mit dem Rücklaufschlamm der Belebungsanlage schließt das Verfahren eine große Ausgleichswirkung in sich.

5. Die Baukosten schwanken zwischen Fr. 10 000,– und Fr. 50 000,– (für Fällmittelbehälter, Dosierpumpen, Leitungen, Steuerung etc.). Dies entspricht 0,5% bis 1,7% der Gesamtbaukosten der betreffenden Kläranlagen.

6. Bei den Betriebskosten kann der Strombedarf vernachlässigt werden; die Unterhalts- und Personalkosten sind unbedeutend. Unter Annahme einer Eisenzugabe von 10 mg/l ergeben sich Fällmittelkosten von rd. Fr. 12,– pro 1 000 m³ Abwasser oder Fr. 1,70–1,50 pro Einwohner und Jahr. Für 7 Kläranlagen (für 5 000 bis 30 000 Einw.) wurden für das Jahr 1970 folgende effektiven Fällmittelkosten ermittelt:

Fr. 0,60 pro 1 000 m³ Abwasser oder

Fr. 2,40 pro Einw. Jahr (schwankend zwischen Fr. 1,40 bis Fr. 3,10/E. J.).

7. In verschiedenen Anlagen traten während der Einarbeitungszeit Störungen auf, die den regelmäßigen Betrieb der Fällung behinderten, so z. B.:

— Störungen an Dosierpumpen,
— Verstopfung von Ventilen oder Leitungen durch grobe Schmutzstoffe in der Eisenchloridlösung oder bei tiefen Temperaturen, die ein Auskristallisieren der relativ konzentrierten Lösung begünstigten,
— Das Eisenchlorid wurde nicht intensiv und rasch genug mit dem Abwasser vermischt,
— in einem anderen Falle wurde die Flockenbildung unmittelbar nach der Eisenbeigabe durch das Fördern des Abwassers mit Zentrifugalpumpen gestört,
— Industrieabwässer brachten hohe Frachten an Phosphaten (speziell hinderlich sind Polyphosphate) oder an andern schädlichen Stoffen (wie Sulfide, die Ferrisulfid ergaben),
— und zuletzt ein Grund, der immer wieder beobachtet wird, ist, daß der Klärmeister die Fällmitteldosierung zu stark drosselt, um Geld zu sparen.

8. Die Betriebsergebnisse mit Simultanfällung sollen nachfolgend anhand dreier typischer Beispiele städtischer Kläranlagen aufgezeigt werden, nämlich einer Anlage für rein häusliches Abwasser, eine Anlage mit häuslichem und etwas gewerblichem Abwasser und einer Anlage mit häuslichem und bedeutendem Einfluß der industriellen Abwässer.

A. Belebtschlammanlage für häusliches Abwasser von ungefähr 7 000 Einwohnern (Bild 1).

Untersuchungsresultate des Jahres 1970:

		Jahresmittel	von	bis
Rohwasser	mg/l PO_4^{3-}	20,6	6	— 33
Anlageabfluß	mg/l PO_4^{3-}	0,64	0,2	— 2,0
PO_4-Abbau	%	97%		
Eisendosierung	mg Fe/l	7,7	6,8	— 10,2

Dieses Beispiel zeigt, daß für normales häusliches Abwasser eine Eisenzugabe entsprechend 10 mg Fe^{3+}/l Abwasser mehr als ausreichend ist.

ANLAGE - A , 7000 E

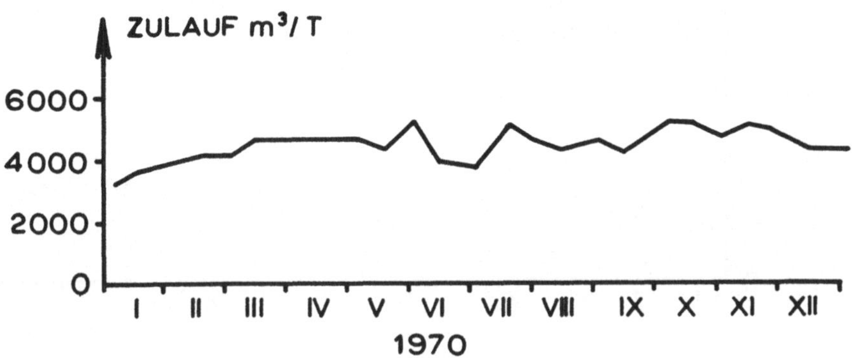

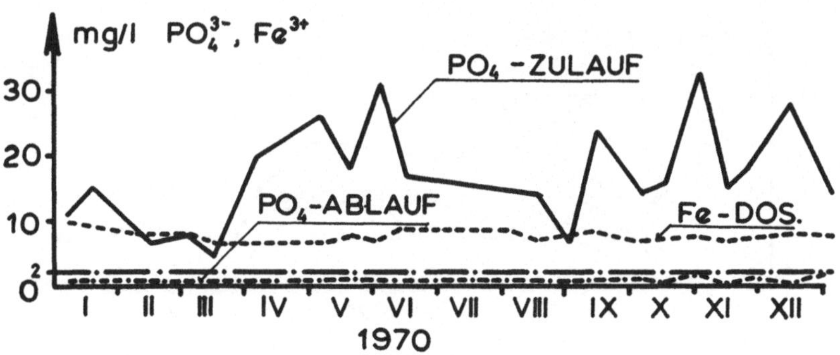

Abb. 1

ANLAGE - B , 10 000 E

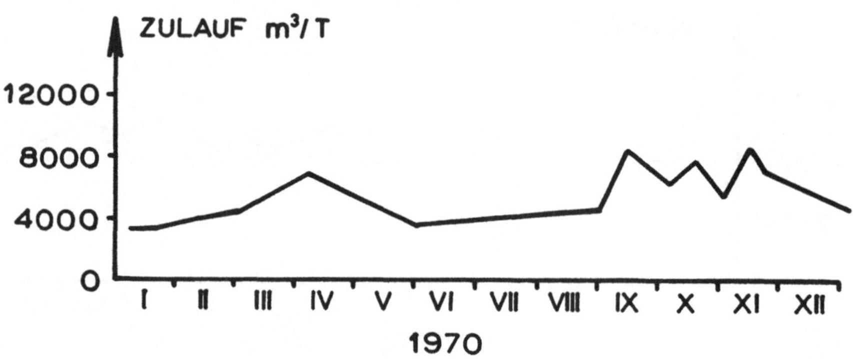

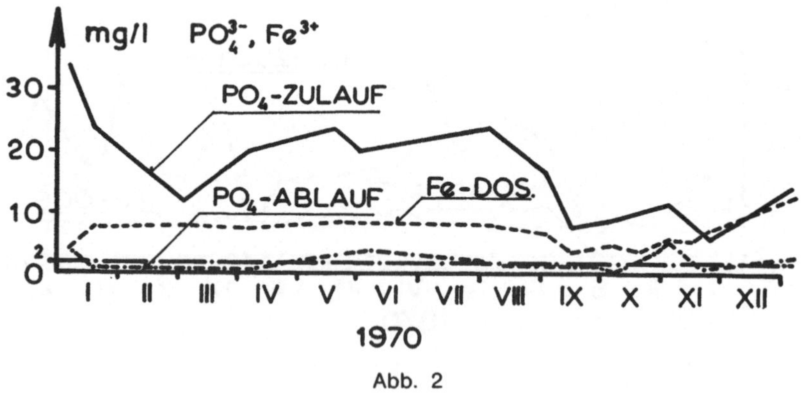

Abb. 2

B. Belebtschlammanlage, gegenwärtig mit dem häuslichen Abwasser von rd. 10 000 Bewohnern mit einem normalen, mit Bezug auf den Phosphatgehalt relativ harmlosen Anteil an gewerblichem Abwasser belastet (Bild 2).

Untersuchungsresultate des Jahres 1970:

		Jahres-mittel	von	bis
Rohwasser	mg/l PO_4^{3-}	16,1	6	$-$ 34
Anlageabfluß	mg/l PO_4^{3-}	2,2	0,3	$-$ 6,0
PO_4-Abbau	%	86%		
Eisendosierung	mg Fe/l	6,4	4,1	$-$ 8,6

Es zeigt sich, daß für diese Anlage resp. für diese Abwasserzusammensetzung die Dosierung von nur 6,4 mg Fe^{3+}/l Abwasser im Jahresmittel zu gering war. Die mittlere Zugabemenge muß auf 10 mg Fe/l erhöht werden.

C. Belebtschlammanlage, die das häusliche Abwasser von 22 000 Einwohnern und einen hohen Anteil an industriellem Abwasser aufnimmt. Die Fällung wird hier durch den Einfluß von Textilabwässern, speziell durch Polyphosphate, erschwert (Bild 3).

Untersuchungsperiode Mai 1970 bis April 1971:

		Jahres-mittel	von	bis
Abfluß Vorklärung	mg/l PO_4^{3-}	15,4	3	$-$ 22
Anlageabfluß	mg/l PO_4^{3-}	3,1	1,3	$-$ 6,0
PO_4-Abbau	%	80%		
Eisendosierung	mg Fe/l	11,8	7,7	$-$ 15,6

Trotz der höheren mittleren Eisenbeigabe sind die Resultate nicht immer befriedigend. Die mittlere Eisenzugabe muß deshalb bei den vorliegenden Abwasserverhältnissen auf 15 mg Fe^{3+}/l Abwasser erhöht werden, was einer spezifischen Dosierung von 1 mg/l Fe^{3+} pro mg/l PO_4^{3-} entsprechen würde.

ANLAGE -C , 22 000 E

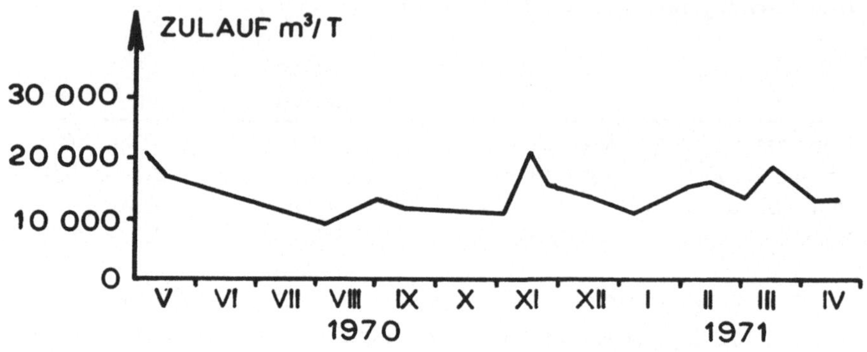

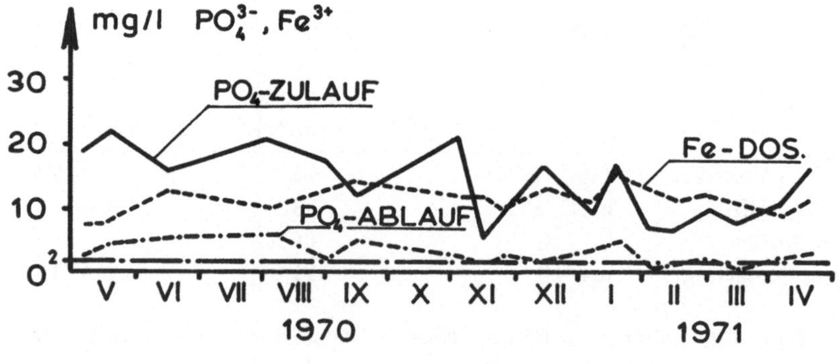

Abb. 3

Bezüglich der Eisenmenge im Anlagenabfluß ergibt das Mittel aus 9 Anlagen einen Gehalt von 0,21 mg/l Fe^{3+}, schwankend zwischen 0,08 und 0,56 mg/l.

Die Simultanfällung wirkt sich auf die Schlammbehandlung nicht aus. Es konnte weder eine eindeutige Zunahme der Schlammenge noch ein Einfluß auf die Faulung beobachtet werden. Die zweifellos vorhandene prozentuale Zunahme des Feststoffanfalles liegt unter den üblichen Schwankungen des jährlichen Schlammanfalles.

9. Schlußfolgerungen

Die Simultanfällung mit Eisenchlorid hat sich als wirksames Verfahren zur Phosphatelimination erwiesen, das zudem geringe Baukosten erfordert. Um eine befriedigende Wirkung und gleichmäßige Resultate zu erhalten, sollen folgende Bedingungen beachtet werden:

- Die Dosiermenge soll stets ausreichend und dem jeweiligen Abwassercharakter (harmloses häusliches Abwasser oder Abwasser mit bedeutender gewerblicher und industrieller Belastung), sowie der täglichen Phosphatfracht angepaßt sein. Dies erfordert Voruntersuchungen sowie sorgfältige Beobachtungen und Versuche während der Einarbeitungszeit.
- Der optimale Ort der Fällmittelbeigabe zum Zu- oder Abfluß der Belebungsbecken ist in jedem einzelnen Falle, besonders hinsichtlich der erforderlichen intensiven und raschen Vermischung mit dem Abwasser, auszuprobieren.
- Die Vorratsbehälter und Dosiereinrichtungen werden mit Vorteil in einem Raum untergebracht. Falls im Freien aufgestellt, muß die Eisenchloridlösung im Winter auf unter 10% Fe verdünnt werden.

N. Matsché *

Die Stickstoffelimination beim Betrieb
der Kläranlage Wien–Blumental

1. Stickstoffverbindungen können durch physikalisch-chemische Verfahren oder durch mikrobiologische Verfahren entfernt werden. Die einzelnen Schritte bei der mikrobiellen Nitrifikation bzw. Denitrifikation sind die Oxidation des Ammoniums und des organisch gebundenen Stickstoffes zum Nitrat sowie die nachfolgende Reduktion zum elementaren Stickstoff. *Wuhrmann* [5] und *Bringmann* [2] haben Systeme entworfen, die diesen Vorgängen Rechnung tragen, indem sie nach einem stark belüfteten Nitrifikationsbecken ein unbelüftetes Denitrifikationsbecken einschalten. Als Energiequelle für den Denitrifikationsprozeß dient bei *Wuhrmann* an der Flocke adsorbiertes Substrat, bei *Bringmann* erfolgt die Zugabe von frischem Abwasser. Auch *Barth* [1] beschreibt auf dieser Arbeitstagung ein ähnliches System, bei dem Methanol als Wasserstoffdonator zugegeben wird. Nach *Pasveer* [4] können jedoch Nitrifikation und Denitrifikation im Oxidationsgraben nebeneinander ablaufen.

2. Angeregt durch den Beitrag von *Barth* wurden im Laufe eines 48-Stunden-Versuches in der Kläranlage Blumental (Abb. 1) (2 Becken in Serie, 1. Becken 4 Rotoren, 2. Becken 2 Rotoren) folgende Ergebnisse (Mittelwerte aus Frachten) erhalten:

	Zulauf mg/l	Ablauf mg/l	% Abbau
BSB₅	251	13	95
COD	475	50	90
TOC	153	14	91
Org. N	13,8	0,4	

* Norbert *Matsché:* Institut für Wasserversorgung, Abwasserreinigung und Gewässerschutz, Technische Hochschule Wien, A-1040, Karlsplatz 13

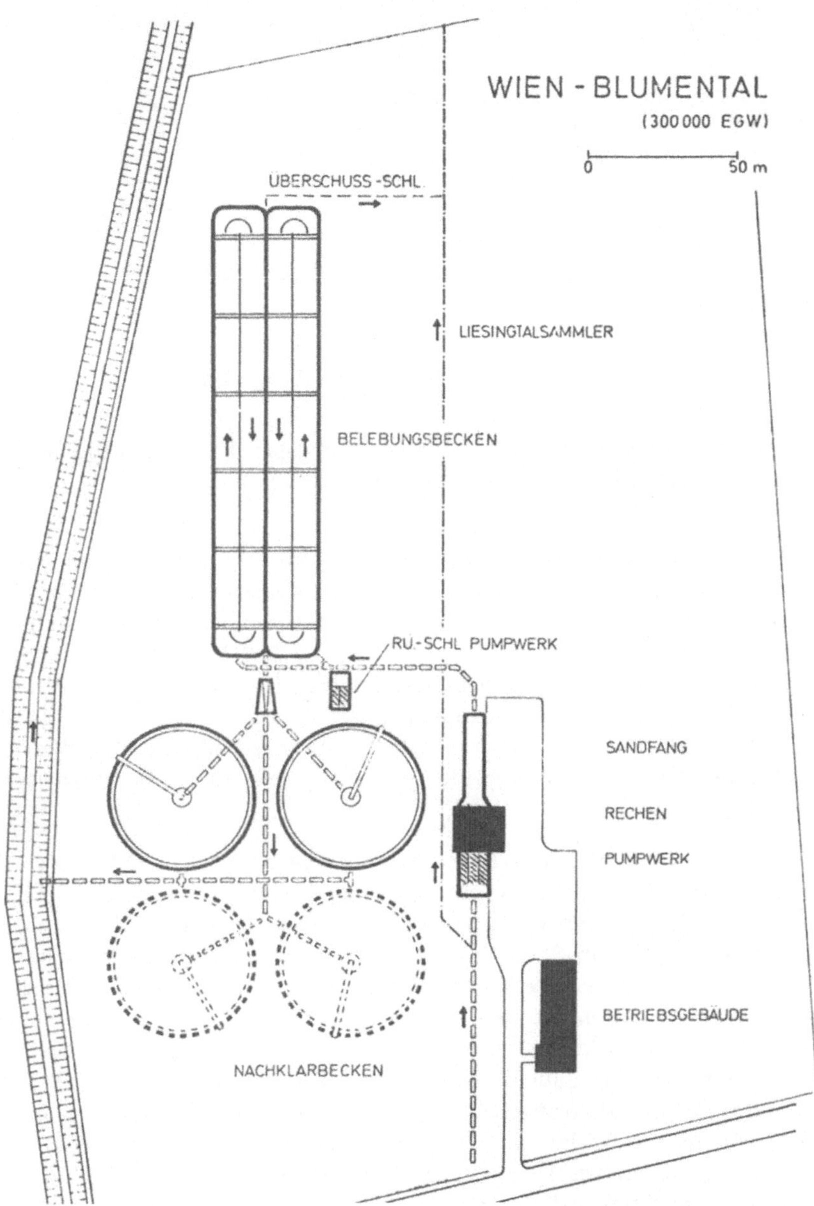

Abb. 1. Kläranlage der Gemeinde Wien: Wien–Blumental

	Zulauf mg/l	Ablauf mg/l	% Abbau
NH_4+N	21,8	3,8	
NO_2-N	0,2	0	
NO_3-N	0,4	0	
Ges. N	35,7	4,2	88

Die Stickstofffrachten aus Zulauf, Ablauf und Überschußschlamm ergeben folgende Bilanz:

Zulauf – Ablauf – ÜS = Denitrifiz. Anteil
1265 kg N/d – 144 kg N/d – 353 kg N/d = 768 kg N/d

Auf ein Fließschema der Anlage übertragen, kann man die N-Elimination folgendermaßen darstellen (s. Abb. 2):

3. *Hühnerberg* und *Sarfert* konnten keine Abhängigkeit der Nitrifikationsgeschwindigkeit von der Sauerstoffkonzentration im Bereich zwischen 2 und 6 mg/l feststellen, berichten jedoch, daß bei Rundbecken mit Mammutrotoren auch noch bei 1 mg O_2/l Nitrifikation auftritt. Die bei obigem Versuch gemessenen Sauerstoffkonzentrationen von 0,2 bis 1,5 mg/l scheinen demnach ausreichend zu sein. Die BSB-Schlammbelastung lag mit 0,1 kg/kg . d in einem für die Nitrifikation optimalen Bereich und auch die Temperatur von 18 bis 19° C war sehr günstig.

4. Die Denitrifikation ist nach *Hühnerberg* und *Sarfert* [3] sehr stark vom Sauerstoffgehalt im Belebungsbecken abhängig. Durch die Serienschaltung der beiden Becken, wobei im ersten Becken 4, im zweiten Becken 2 Rotoren in Betrieb waren, war die Sauerstoffkonzentration in weiten Teilen des zweiten Beckens sehr gering, wodurch eine vollständige Denitrifikation erreicht werden konnte. Positiv wirkte hier auch die fehlende Vorklärung, die die Grundatmung des Schlammes erhöhte, was wiederum den Sauerstoffgehalt im Becken sehr niedrig hielt. Leider trat infolge zu geringen Überschußschlamm-Abzuges ein Schlammzuwachs in den Becken auf, bei dessen Berücksichtigung die N-Bilanz etwas zugunsten des Überschußschlammes verschoben werden dürfte. Die erzielte Stickstoffelimination von 88% ist unter den gegebenen Umständen jedoch sehr zufriedenstellend.

ZULAUF
35,7 mg/l , 100%
DENITRIFIKATION
21,5 mg/l , 60%
BELEBUNGS
BECKEN
ÜBERSCHUSSSCHLAMM
10,0mg/l , 28%
NACHKLÄRBECKEN
ABLAUF
4,2mg/l , 12%

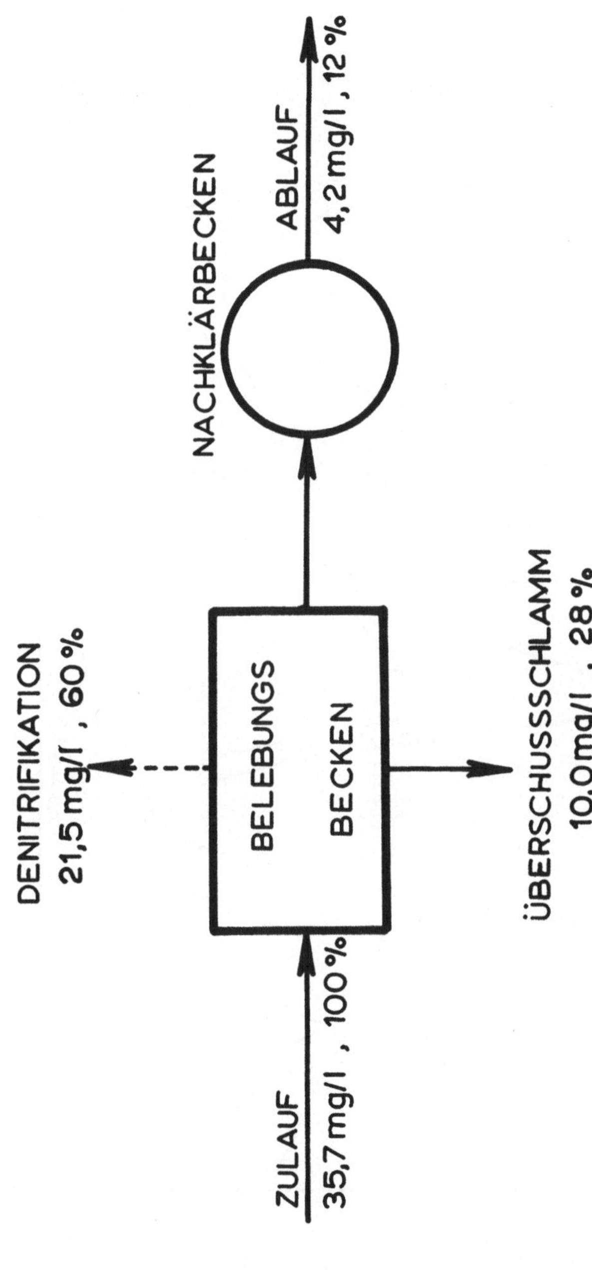

Abb. 2

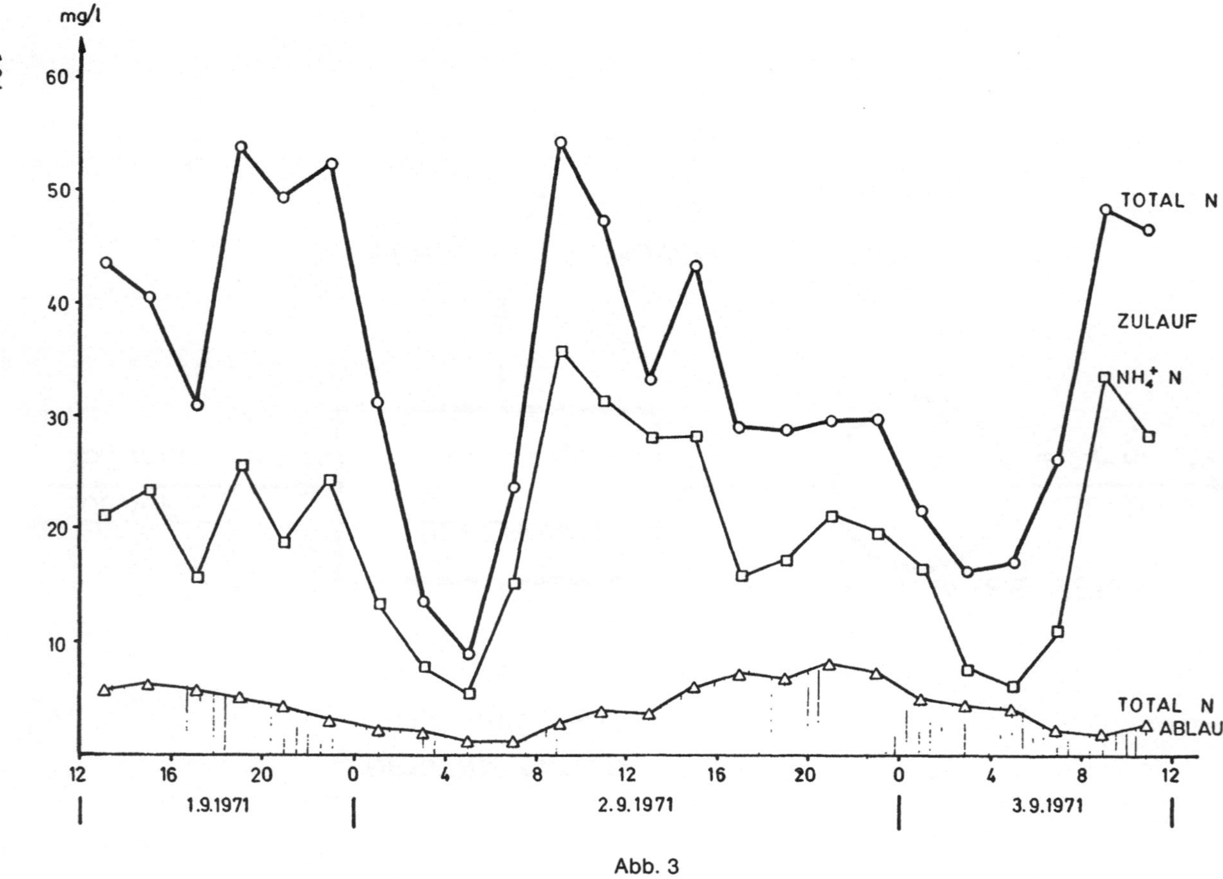

Abb. 3

104

	Zulauf		Ablauf	
	NH₄-N mg/l	GES.-N mg/l	NH₄-N mg/l	GES.-N mg/l
	NH$_4$-N mg/l	GES.-N mg/l	NH$_4$-N mg/l	GES.-N mg/l

	Zulauf NH$_4$-N mg/l	Zulauf GES.-N mg/l	Ablauf NH$_4$-N mg/l	Ablauf GES.-N mg/l
1. 9. 1971				
12–14	21,1	43,5	5,3	5,5
14–16	23,4	40,5	5,6	5,9
16–18	15,6	31,1	4,7	5,5
18–20	25,7	53,7	4,7	4,7
20–22	18,7	49,1	3,9	3,9
22–24	24,2	51,8	2,7	2,7
2. 9. 1971				
0–2	13,3	31,1	1,8	1,8
2–4	7,8	13,5	1,6	1,6
4–6	5,5	8,9	1,0	1,0
6–8	17,2	23,6	0,9	0,9
8–10	35,9	54,3	0,9	2,4
10–12	31,2	47,1	1,9	3,7
12–14	28,1	33,1	3,4	3,4
14–16	28,1	43,0	5,9	5,9
16–18	15,6	28,8	6,8	6,8
18–20	17,2	28,5	5,6	5,6
20–22	21,1	29,5	5,9	7,8
22–24	19,5	29,6	6,1	7,1
3. 9. 1971				
0–2	16,4	21,5	4,9	4,9
2–4	7,8	16,3	4,2	4,2
4–6	6,2	17,1	2,6	3,8
6–8	10,9	26,2	2,0	2,0
8–10	33,5	48,3	1,6	1,6
10–12	28,1	46,4	2,5	2,5

| | Belebungsbecken | | Mittel | |
	1	2		
Mittl. Belüftungsz.	4,25	4,25	8,5	h
mittl. (m. Rückl. Schlamm)	1,5	1,5	3,0	h
min. Belüftungszeit	3,0	3,0	6,0	h
min. (mit R-S)	1,3	1,3	2,6	h
B_R			0,76	$kg/m^3 . d$
TS_R			6,7	kg/m^3
B_{TS}			0,11	$kg/kg . d$
Energieaufwand N_R	0,88	0,46	0,67	$kWh/m^3 . d$
O_2-Verbr. OV_R*	1,82	1,56*	1,6	
O_2-Gehalt	0–1,5	0–1(!)		mg/l
$N_R : \eta . B_R$			0,93	$kWh/kgBSB_5$
org. Anteil TS			69	%
Schlammindex			85	ml/g
TOC : org. TS_R			0,47	
N – Bel. Schlamm			0,43	g/l
N : TS_R			6,5	%
N : org. TS_R			9,3	%

* OV – gemessen im Atmungsgefäß, durch geringe O_2-Zufuhr wird der OV besonders im Becken 2 kleiner sein.

Literatur

[1] Barth, E. F.: „Design of Treatment Facilities for the Control of Nitrogenous Materials" IAWPR Workshop, Vienna 1971.

[2] G. Bringmann, „Erste Betriebserfahrungen an einer halbtechnischen Versuchsanlage zur biologischen Eliminierung von Stickstoff aus Abwässern". Ges.-Ing. *4*, 106, 61962).

[3] K. Hühnerberg und F. Sarfert, „Versuche zur Stickstoffelimination aus dem Berliner Abwasser". Gas- und Wasserfach *108*, 966, (1967).

[4] A. Pasveer, „Über Oxidationsgräben". Schweiz. Hydrologie *26*, 466, (1964).

[5] K. Wuhrmann, „Stickstoff- und Phosphorelimination" Schweiz. Z. Hydrologie *26*, 520, (1964).

Jesse Cohen *

Physikalisch-chemische Verfahren der Abwasserreinigung

Das physikalisch-chemische Reinigungsverfahren, das am weitesten entwickelt ist und wohl zur Zeit das beste zu sein scheint, ist in Abb. 1 schematisch wiedergegeben. Bei diesem System der chemischen Fällung und Filtration wird eine weitgehende Entfernung der Schwebestoffe und Kolloide erreicht. Bei einer entsprechend hohen Chemikalienzugabe kann vor allem der Phosphor gänzlich entfernt werden. Die Aktivkohlebehandlung dient der Entfernung der löslichen organischen Stoffe. Wie in einem konventionellen System ist ein Rechen und ein Sandfang vor, und eine Desinfektion nach der Reinigung vorgesehen. Die Filtration ist nur fakutativ eingeplant, im klassischen Entwurf ist sie jedoch unumgänglich. Ob sie vor oder nach der Aktivkohlebehandlung angeordnet wird hängt vom vorgesehenen Kontaktvorgang zwischen Abwasser und Aktivkohle ab. Die drei Verfahren: chemische Fällung, Filtration, und Aktivkohlebehandlung werden später ausführlicher behandelt.

Bei diesem System ist keine Ammonium- oder Nitratentfernung vorgesehen. Physikalisch-chemische Reinigungsverfahren für gelösten Stickstoff werden in anderen Beiträgen behandelt. Aber jedes dieser Verfahren kann in ein System von Fällung und Adsorption eingeordnet werden.

1. Chemische Fällung

Der Hauptteil der Schmutzstoffentfernung wird bei der chemischen Fällung vollzogen. Zu den Chemikalien, die erfolgreich bei der Abwasserreinigung eingesetzt werden können, gehören: organische Polymere (Rizzo und Schade 1967), Eisensalze (Weber et al. 1970), Alumi-

---

* Jesse *Coehen:* EPA – R. A. Taft Water Res. Center, Advanced Waste Treatment Research Laboratory, 4676 Columbia Parkway, Cincinnati/Ohio, 45226, USA.

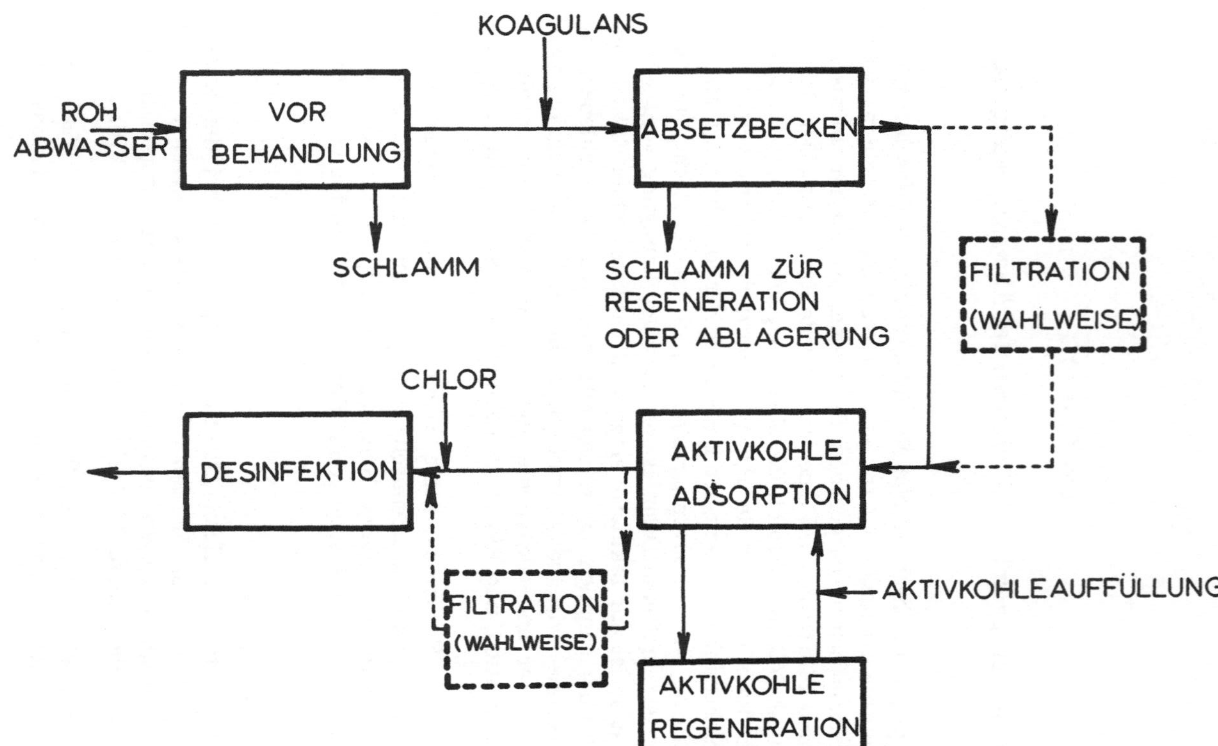

Abb. 1: Unabhängige physikalisch-chemische Reinigung, Kalkfällung

Tabelle 1

Abbau durch chemische Reinigung bei bestehenden Anlagen

Anlage	Chemikalium	BSB-Abbau %	Schwefelstoff-entfernung %	P Entfernung %
Ewing-Lawrence	170 mg/1 $FeCl_3$	80	95	90
New Rochelle (ZM)	Kalk pH 11.5	80	98	98
Westgate, VA.	125 mg/1 $FeCl_3$	70	-	-
Salt Lake City	80 - 100 mg/1 $FeCl_3$	75	-	80
Blue Plains	Kalk pH 11.5	80	90	95

niumsalze (Hannah 1971) und Kalk (Villiers et al. 1970). Die anorganischen Koagulantien haben den Vorteil auch Phosphor fällen zu können. Zur Zeit gibt es keine praktische Methode, die Chemikaliendosierung vorherzubestimmen, daher sind für die Planung Versuche nötig. Glücklicherweise ist eine Messung der Koagulansdosierung an Ort und Stelle möglich. Für alle Koagulierungsmittel außer Kalk kann die Trübungsmessung beim Klärbeckenablauf vorgeschlagen werden.

Auch die Messung des Phosphors erscheint sinnvoll, da gute Reinigung immer dann erzielt wird, wenn zur guten Phosphorentfernung ausreichend Chemikalien zugesetzt wurden. Bei der Verwendung von Kalk als Koagulierungsmittel wird eine ausgezeichnete Steuerung durch Messung des pH-Wertes erreicht. Der erforderliche pH-Wert hängt, um eine gute Reinigungswirkung und Phosphorentfernung zu erreichen, von den chemischen Werten des Abwassers ab. In Gebieten, in denen Alkalität und Härte niedrig sind, ist ein pH-Wert von ungefähr 11,5 erforderlich. Normalerweise wird eine zweistufige Fällung mit dazwischengeschalteter Rekabonisierung angewandt. Bei hartem Wasser und hoher Alkalität genügt eine einstufige Fällung bei dem niedrigen pH-Wert von 9,5 bis 10.

Die Schlammbeseitigung spielt bei jedem chemischen Reinigungssystem eine entscheidende Rolle. Kennzeichnende Daten über Schlamm aus Anlagen, in denen Rohabwasser chemisch behandelt wird, sind nur in beschränktem Umfange erhältlich. Diese Werte, bei denen Eisen- oder Aluminiumsalz als Koagulierungsmittel verwendet werden, besagen:

1. Der sich ergebende Schlamm ist manchesmal mehr und manchesmal weniger als der Primärschlamm vom selben Abwasser.
2. Der chemische Schlamm ist im Vakuumfilter schwieriger zu entwässern als der entsprechende Primärschlamm.

Dennoch erfolgt das Entwässern von Schlamm, bei dem Kalk zur Koagulierung verwendet wurde, nur durch Eindicken unter Schwerkrafteinfluß extrem rasch. Eimco [8] berichtete von einem Feststoffgehalt im Schlamm von mit Kalk behandeltem Rohabwasser von 15 bis 25% durch Eindicken unter Schwerkraft.

Zusätzlich ist Kalk das einzige Koagulierungsmittel, das einen rasch und leicht entwässerbaren Schlamm liefert und ökonomisch rückgewonnen werden kann. Die Rückgewinnung des Kalkschlammes in einem Ofen wurde an einer Anlage mit dritter Reinigungsstufe in

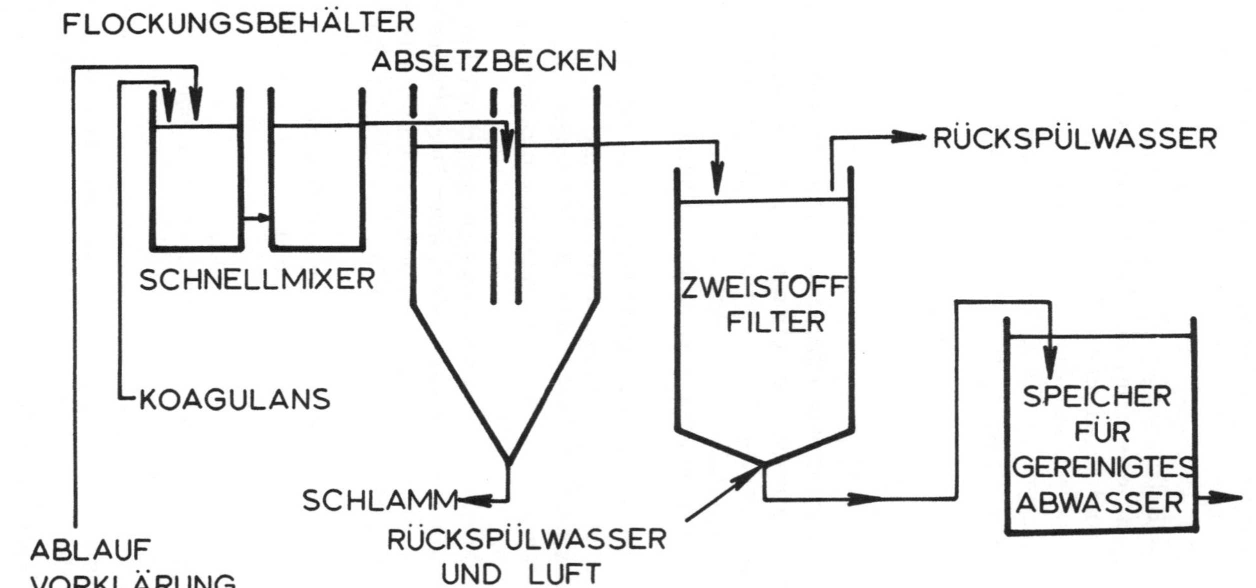

FLIESSSCHEMA FÜR CHEMISCH REINIGUNG

Abb. 2

South Lake Tahoe erfolgreich durchgeführt und war auch in Wasser-
enthärtungsanlagen für lange Zeit weit verbreitet [9]. Zusätzlich zur
Wiedergewinnung des Kalkes werden die organischen Feststoffe verbrannt und man erreicht eine endgültige Beseitigung des Schlammes.
Aus diesen Gründen wird angenommen, daß Kalk als Koagulierungsmittel für die meisten Fälle zu wählen sein wird.

Die Entwurfsgrundlagen für die Koagulierungsanlagen sind jenen
ähnlich, die bei Kläranlagen verwendet werden. Eine Schnellmischung
von einer Minute, Flockung von 15 bis 30 Minuten und Absetzen bei
einer Oberflächenbelastung von 3,85 ÷ 7,5 m³/m²h.

2. Adsorption durch Aktivkohle

Die Abbauwerte mehrerer physikalisch-chemischer Versuchsanlagen
mit Vorklärung und Aktivkohleadsorption zeigen, daß nicht nur der
Abbau der organischen gelösten Stoffe sehr hoch liegt (95% und mehr),
sondern auch der Schwebstoffgehalt im Ablauf sehr gering ist. Die Ablaufwerte liegen über den üblichen zweistufiger Anlagen (TOC 20 mg/l,
COD 40–50 mg/l).

Die Ergebnisse von 4 Anlagen zeigen eine 95–98%ige Entfernung
an organischer Substanz, was Ablaufwerte von 3–11 mg/l TOC ergibt.
Verwendet wurde granulierte Aktivkohle. Bei derartigen Systemen
fließt das Wasser entweder von oben nach unten oder umgekehrt durch
die Aktivkohlesäulen.

Abwärts durchflossene Türme wirken als nicht gepackte Filter und
erzielen eine Filtration des Abwassers. Es wurden Durchflußmengen
von 15–60 m³/m²h verwendet. In diesem Bereich wird im wesentlichen
der gleiche Adsorptionswirkungsgrad erreicht, vorausgesetzt, daß die
gleiche Kontaktzeit verwendet wird. Bei Durchflußmengen unter 15
m³/m²h wird der Wirkungsgrad der Adsorption reduziert, während
über 60 m³/m²h übermäßiger Druckabfall eintritt. Die verwendeten
Kontaktzeiten liegen bei 30 bis 60 Minuten bei unverschmutztem Filterbett. Im allgemeinen ergeben Vergrößerungen in der Kontaktzeit bis
zu 30 Minuten einen proportionalen Anstieg in der Entfernung organischer Stoffe. Über 30 Minuten fällt dieser Anstieg mit dem Vergrößern
der Kontaktzeit ab und kann bei 60 Minuten Kontaktzeit vernachlässigt werden. Aktivkohlefilter, die mit den niedrigeren Durchflußmengen betrieben werden, laufen im allgemeinen mit Schwerkraft. Systeme für größere Belastungen arbeiten mit Druckkessel. Der Bau eines

FESTBETT
FLIESSBETT
BSB$_5$ (mg/l)
60
50
40
30
20
ABFLUSS VORKLÄRBECKEN
ABFLUSS NACH CHEM FLOCK.
MAI
JUNI
JULI
AUG.

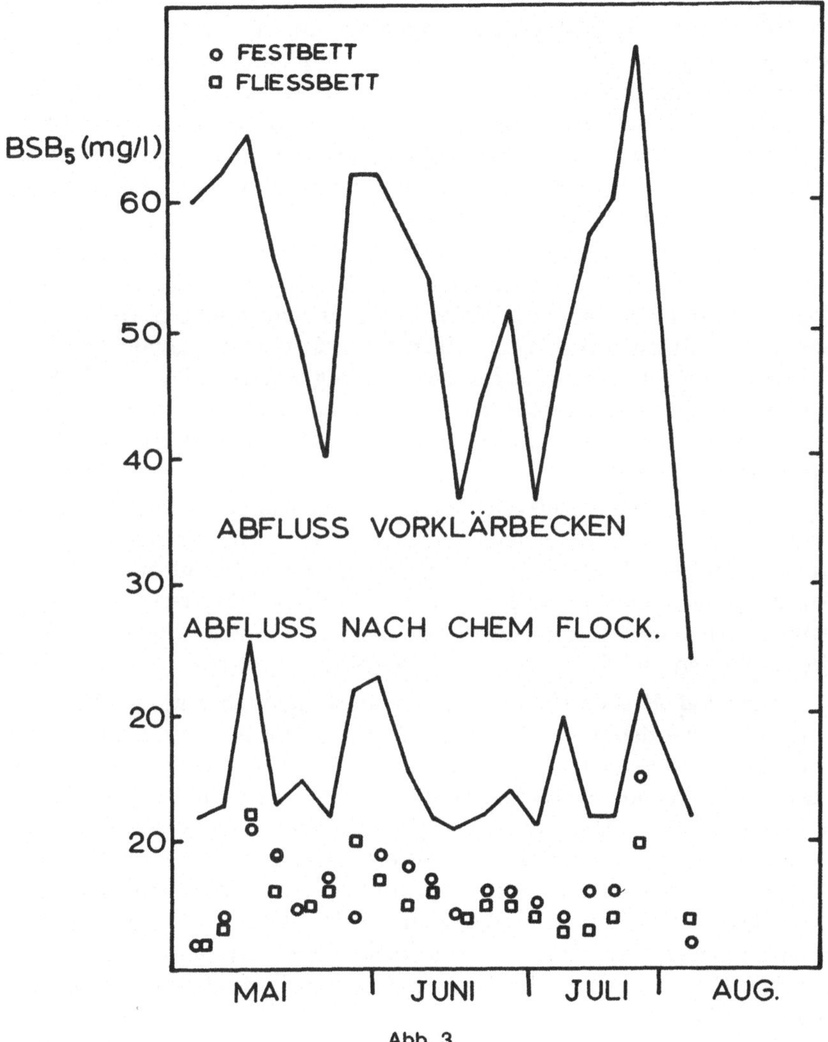

Abb. 3

Druckkessels ist teurer als der eines durch Schwerkraft durchflossenen Behälters, erfordert aber weniger Fläche und gestattet es, Schwankungen im Durchfluß besser auszugleichen.

Bei Aktivkohle-Festbettfiltern muß für eine periodische Rückwaschung gesorgt werden, da sich ansonsten allmählich Schwebstoffe ansammeln, sogar in Fällen, bei denen ein Filter vorgeschaltet ist. Zusätzlich findet auf den Aktivkohlekörnchen biologisches Wachstum statt und das führt dazu, das Filterbett zu verstopfen. Es ist ratsam, Waschwasser und Spülluft vorzusehen, um sicher zu sein, daß die gelatineartige biologische Schichte entfernt wird.

Das Rückspülen des Aktivkohlefilters mildert die Verstopfungsgefahr zufriedenstellend, entfernt jedoch nicht vollständig die biologische Schichte. Infolgedessen ist im Filterbett sehr häufig eine hohe biologische Aktivität anzutreffen. Dies führt zur Entstehung anaerober Bedingungen im Filterbett und zur Entwicklung von Sulfiden. Der Zufluß wurde belüftet, um anaerobe Bedingungen zu vermeiden, dies erzeugte jedoch ein so hohes biologisches Wachstum, daß übermäßiges Rückspülen erforderlich war.

Um diesen Schwierigkeiten zu begegnen, wurden aufwärts durchflossene Fließbettfilter in leicht abgeänderter Form (Erweiterung um ca. 10%) in Betrieb genommen. Dies nimmt Rücksicht auf die erwähnte Ansammlung biologischer Substanz am Aktivkohlekorn bei einem geringen Druckverlust. Auf diese Weise können aerobe Bedingungen aufrecht erhalten und die Sulfidbildung verhindert werden.

Auch bei Fließbettfiltern müssen Möglichkeiten zum Rückspülen vorgesehen werden, um gelegentlich übermäßiges Wachstum zu entfernen. Bei diesem System ist der Bereich der Durchflußmenge beschränkter als beim Festbettfilter. Mit den üblichen erhältlichen Aktivkohlekorngrößen (Maschenweite $3,2 \times 0,8$ oder $1,6 \times 0,64$ mm) sind Durchflußmengen von 30 bis 37,5 m³/m²h erforderlich, um das richtige Maß der Expansion zu erreichen. Zusätzlich muß man trachten, hydraulische Wellen zu vermeiden, damit keine Aktivkohle aus dem System ausgewaschen wird. Der Filterbehandlung der physikalisch-chemischen Kläranlage muß bei Verwendung von Festbettfiltern eine Aktivkohlebehandlung folgen.

Das letzte Aktivkohlkontaktsystem, das für die Abwasserbehandlung eingesetzt wurde, verwendet pulverisierte Aktivkohle (Teilchengröße unter 0,13 mm). Dieses Verfahren trifft Vorsorge für eine Mischung von Aktivkohleschlamm und Abwasser in einem Reaktionsklärbecken. Polymere Zusätze sind meistens erforderlich, um anschließend unter Schwerkrafteinfluß eine gute Trennung der Aktivkohle vom Abwasser zu erreichen. Die wichtigsten Vorteile dieses Systems liegen in der Verwendung billigerer Aktivkohle (22 c/kg gegenüber 66 c/kg bei granulierter Aktivkohle) und dem einfacheren Typ des Kontaktsystems.

Ein kritischer Gesichtspunkt beim Entwurf jedes Aktivkohlekontaktsystems ist die zu erwartende Kapazität der Aktivkohle für organische Stoffe. In den chemischen Bearbeitungsbetrieben wird dies unter zugrundelegen von Adsorptions-Isothermen-Tests berechnet. Bei der Abwasserbehandlung sind Isothermen von beschränktem Nutzen, da die biologische Aktivität, die sich auf der Aktivkohle entwickelt, dazu neigt, ihre Kapazität zur Beseitigung organischer Stoffe stark zu vergrößern.

Die Aufgabe des entwerfenden Ingenieurs ist es, ein System zu verwenden, das größten Nutzen aus der Kapazität der Aktivkohle zieht, ohne Rücksicht darauf, wovon diese herrührt. Um einen guten Ablauf zu erreichen und um möglichst viel der vorhandenen Kapazität auszunützen, ist ein Kontakt im Gegenstromverfahren erforderlich. Dies wird dadurch erreicht, daß sich das Abwasser durch eine Anzahl von Kontaktbehältern oder in Stufen hintereinander in einer Richtung bewegt, während sich Aktivkohle in die anderer Richtung bewegt. Genau dieses System wird bei Verwendung von pulverisierter Aktivkohle benützt. Bei der Verwendung von gekörnter Aktivkohle kann dieses System nicht benutzt werden, da unerwünschte Verluste durch Abnützung auftreten würden. Wenn kein befriedigender Ablauf erreicht wird, wird der Hauptkontaktbehälter außer Betrieb genommen und ein freier mit neuer Aktivkohle an das Ende der Reihe gestellt. Jeder Kontaktbehälter rückt dann um einen Platz in der Reihe auf. Dies wird durch entsprechendes Umlegen der Zu- und Abflüsse zu den Behältern erreicht und nicht durch Bewegen der Behälter selbst. Wenn die Anzahl der Stufen ansteigt, wird die Rohrausrüstung sehr umfangreich und teuer. Im Entwurf muß ein Kompromiß geschlossen werden zwischen den Vorteilen einer weiteren Stufe, um die Aktivkohlekapazität möglichst auszunützen und den Kosten jeder zusätzlichen Stufe.

Eine bei mehreren Anlagen verwendete Anordnung benützt parallelen Durchfluß durch eine Anzahl identischer Kontaktbehälter. Jeder ist in einem anderen Maße verbraucht und liefert eine leicht abwei-

ROH ABWASSER
FeCl₃
CO2
CO2
RÜCKFÜHRUNG
RÜCKFÜHRUNG
FILTER
IONENAUSTAUSCH
AKTIVKOHLE

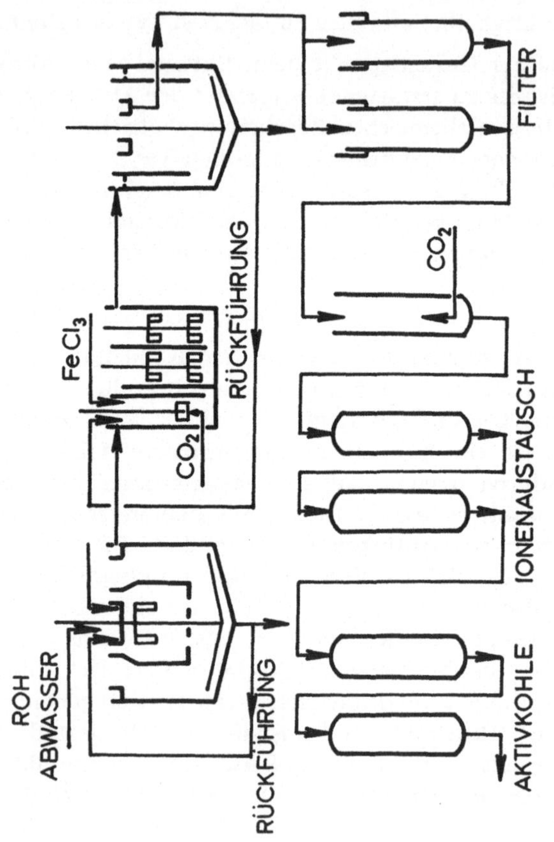

Abb. 4

chende Ablaufqualität. Diese verschiedenen Abläufe werden miteinander gemischt und geben das endgültige Produkt. In Hinblick auf die Tatsache, daß Abwasser, Ablaufkriterien, Anzahl der Kontaktstufen etc. von Anlage zu Anlage schwanken, ist es nicht überraschend, daß die beobachteten Aktivkohlekapazitäten etwas streuen. Die Kapazität von Aktivkohle wird ausgedrückt in Kilogramm des entfernten organischen Materials (entweder als COD oder TOC) pro kg Aktivkohle. Für allgemeine Planungszwecke kann ein Wert von 0,5 kg COD pro kg Aktivkohle als angemessen betrachtet werden. Für die Behandlung von 1000 m³ Abwasser würde man ungefähr 60 kg Aktivkohle benötigen.

Der Bedarf an Aktivkohle bei dieser Annahme wäre äußerst kostspielig, wenn eine Regenerierung und Wiederverwendung der erschöpften Aktivkohle nicht möglich wäre. Gegenwärtig besteht eine technisch und ökonomisch durchführbare Methode zur Regenerierung granulierter Aktivkohle. Diese Methode erfordert ein Aufheizen der Aktivkohle in einem Etageofen unter Vorhandensein von Dampf auf ca. 950° C. Bei dieser Behandlung werden die adsorbierten und gefangenen organischen Stoffe verbrannt. Während des Regenerierens geht ein Teil der Aktivkohle durch Verbrennen und Abrieb und ein Teil der Kapazität jedes Teilchens durch Änderung der Oberflächenbeschaffenheit verloren. Der gesamte Verlust, ausgedrückt in Gewichtsprozenten an unverbrauchter Aktivkohle, die notwendig ist um die gesamte ursprüngliche Kapazität wiederherzustellen, liegt bei 5 bis 10% [10]. Daher sollten für Planungszwecke für je 1000 m³ Abwasser 3 bis 6 kg Aktivkohle für Erneuerungszwecke in Rechnung gestellt werden.

Gegenwärtig treten die Versuche zur Regenerierung von Pulverisierter Aktivkohle in das Stadium der Modellversuche im großen Maßstab. Die erfolgreiche Vollendung dieser Versuche wird ein großer Schritt weiter sein, das System mit pulverisierter Aktivkohle technisch und ökonomisch zu verwirklichen. Der wichtigste Punkt wird es sein, die Verluste an Aktivkohle während der Regenerierung möglichst niedrig zu halten.

3. Vorteile der physikalisch-chemischen Behandlung gegenüber der konventionellen Behandlungsmethoden

In diesem Beitrag wurden die Vorteile der physikalisch-chemischen Behandlung schon öfters erwähnt. Der wichtigste Vorteil liegt in der Stabilität des Betriebes, die bei einem solchen Prozeß, der auf phy-

GESAMTABBAU %
100
80
60
40
20
0
TOC
BOD
COD
SS
P
TOTAL N
KALKFÄLLUNG
FILTRATION
IONENAUSTAUSCH &
AKTIVKOHLEADSORPTION

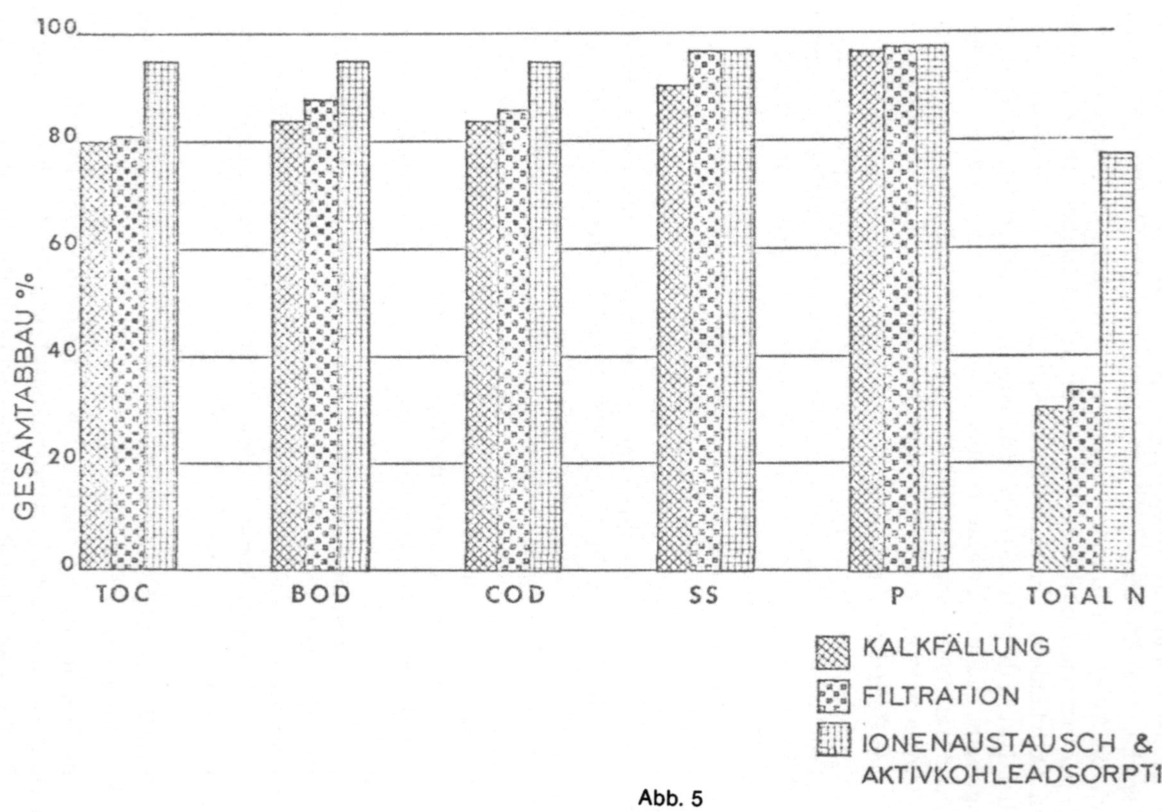

Abb. 5

sikalischem und chemischen Reaktionen beruht, vorhanden ist. Biologische Systeme sind bekanntermaßen empfindlich gegen Änderungen. Wenn Giftstoffe sogar nur zeitweise zugeführt werden oder hydraulische Spitzen auftreten, wird nicht nur der Wirkungsgrad der biologischen Anlage abfallen, sondern es kann mehrere Tage bis zu einigen Woche dauern, bis das Gleichgewicht wiederhergestellt ist. Bei einer physikalisch-chemischen Anlage unterstützt das Filtrationssystem das Klärbecken und das Aktivkohlesystem unterstützt die beiden ersten; daraus ergibt sich, daß Betriebsstörungen relativ unwahrscheinlich sind. Zusätzlich kann man erwarten, daß die Anlage sofort in Ordnung ist, wenn einmal die Ursache der Störung beseitigt ist. Diese hervorstechende Betriebsstabilität spiegelt sich auch wieder in einer größeren Flexibilität in Entwurf und Betrieb. Ganze Teile der physikalisch-chemischen Anlage können je nach Bedarf in oder außer Betrieb genommen werden und eine zeitweise Überlastung hat nur geringe Auswirkungen. Eine Liste der wesentlichen Vorteile physikalisch-chemischer Systeme ist in Tabelle 2 zusammengestellt. Die meisten wurden an irgendeiner Stelle des Beitrages diskutiert.

Tabelle 2

Vorteile der chemisch-physikalischen Abwasserreinigung gegenüber den konventionellen Verfahren

1. Weniger Platzbedarf – $\frac{1}{2}$ bis $\frac{1}{4}$
2. Geringere Empfindlichkeit gegenüber täglichen Schwankungen
3. Von toxischen Substanzen nicht beeinflußt
4. Möglichkeit für weitgehende Schwermetallentfernung
5. Höhere Entfernungsrate für P-Verbindungen
6. Größere Beweglichkeit bei Entwurf und Betrieb
7. Höherer Abbau organischen Materials

4. Kostenschätzung

Einer der unsicheren Faktoren bei der physikalisch-chemischen Behandlung ist der Preis des Verfahrens. Endgültige Werte werden erst vorliegen, bis Anlagen im großen Maßstab gebaut wurden und für einige Jahre in Betrieb waren. Auch lokale Einflüsse können die Kosten bedeutend beeinflussen. Smith[11] nahm Kostenschätzungen für verschiedene Anlagegrößen vor, über die er im Oktober 1970 berichtete; er stützte sich dabei auf erhältliche Informationen von Versuchsanlagen und Vorentwürfe für einige geplante Großanlagen. Die Amortisation wurde mit 6% auf 24 Jahre angesetzt. Diese Werte sind in Tabelle 10 dargestellt. Es ist zu beachten, daß die Werte für verschiedene Anlagegrößen angegeben sind und dementsprechend stark streuen. Zum Beispiel schätzt Smith für mechanische und biologische Behandlung mit Schlammverbrennung einen Betrag von 1,10 öS/m³ pro 3785 l bei einer zugrundegelegten Menge von 37.850 m³/d. Bei zusätzlicher einstufiger Kalkbehandlung zur Phosphorentfernung würden die Kosten auf 1,55 öS/m³ anwachsen; dies entspricht etwa den Kosten für eine physikalisch-chemischen Behandlung.

Tabelle 3

Geschätzte Kosten für physikalisch-chemische Abwasserreinigung. Gesamt Amortisation, Betriebs- und Wartungskosten

öS/m³

Anlagengröße m³/d	20 000	40 000	400 000
Chemische Reinigung	0,60–0,80	0,45–0,60	0,25–0,30
Aktivkohle Behandl.	0,70–1,10	0,55–0,80	0,30–0,50
Filtration	0,20–0,30	0,10–0,20	0,05–0,10
Gesamt	1,45–2,20	1,10–1,60	0,60–0,90

Literaturangaben

[1] G. Culp, „Chemical Treatment of Raw Sewage – 1" *Water & Wasters Engineering*, 4, 61 (July 1967).

[2] G. Culp, „Chemical Treatment of Raw Sewage – 2" *Water & Wastes Engineering*, 4, 54 (Oct. 1967).

[3] J. L. Rizzo, R. F. Schade, „Secondary Treatment with Granular Activated Carbon," *Water & Sewage Works*, 116, 307 (Aug. 1967).

[4] W. J. Weber, C. B. Hopkins and R. Bloom, „Physico-Chemical Treatment of Wastewater," JWPCF, 42, 83 (Jan. 1970).

[5] S. A. Hannah, „Chemical Precipitation of Phosphorus", Paper presented at the Advanced Waste Treatment & Reuse Symposium, Dallas, Texas, January 12–14, 1971, EPA sponsored.

[6] R. V. Villiers, E. L. Berg, C. A. Brunner and A. N. Masse, paper presented at ACS meeting, Toronto, Canada, May 1970.

[7] D. F. Bishop, T. P. O'Farrell and J. B. Stamberg, „Physical-Chemical Treatment of Municipal Wastewater", paper presented at the 43rd Annual Conference WPCF, Boston, Mass., October 1970.

[8] Monthly Progress Reports – Contract No. 14-12-585 between Eimco Corporation, Salt, Lake City, Utah & EPA.

[9] C. E. Smith, „Recovery of Coagulant, Nitrogen Removal and Carbon Regeneration in Wastewater Reclamation", Final Report, EWPCA Grant, WPD-85 (June 1967).

[10] Appraisal of Granular Carbon Contacting, „TWRC Report 11, US-DI-FWPCA, May 1969.

[11] Robert Smith, Internal Report, R. A. Taft Water Research Center – EPA, February 1971.

Klaus R. Imhoff *

Schlammentwässerungsversuche mit der Siebbandpresse

Vor fünf Jahren wurde die Siebbandpresse von einer deutschen Maschinenfabrik auf den Markt gebracht. Man kannte bisher derartige Maschinen nur bei der Papierherstellung. Die Anwendung des Verfahrens auf die Klärschlammentwässerung war neu.

Die Maschine besitzt ein unteres Siebband (SB) aus Trevira und Edelstahl mit 0,1 × 0,42 mm Maschenweite und ein oberes Preßband (PB) aus Gummi *(Bild 1)*. Die Umlaufgeschwindigkeit der Bänder und

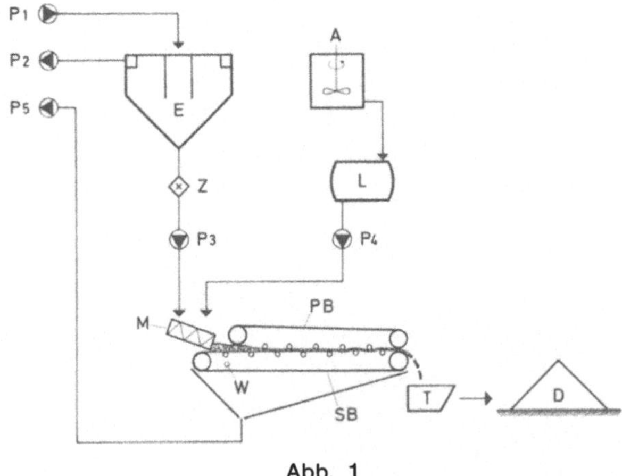

Abb. 1

ihr Abstand kann verstellt werden. Der zu entwässernde Schlamm wird in einer Mischtrommel (M) mit hochpolymeren Flockungshilfsmitteln total geflockt und in drei Zonen entwässert. In der Vorentwässerungszone läuft das freigewordene Zwischenraumwasser aufgrund der

---

* Klaus R. *Imhoff:* Ruhrverband, Kornprinzstraße 37, D-43-Essen, BRD.

Schwerkraft ab. Auf den Siebmaschen baut sich ein Feinfilter auf. In der anschließenden Preßzone wird der Schlamm mit steigendem Druck verdichtet. Es folgt noch eine Scherzone. Der Schlamm wird dann abgeworfen, während das Siebband unter einer Waschdüse (W) zurückläuft.

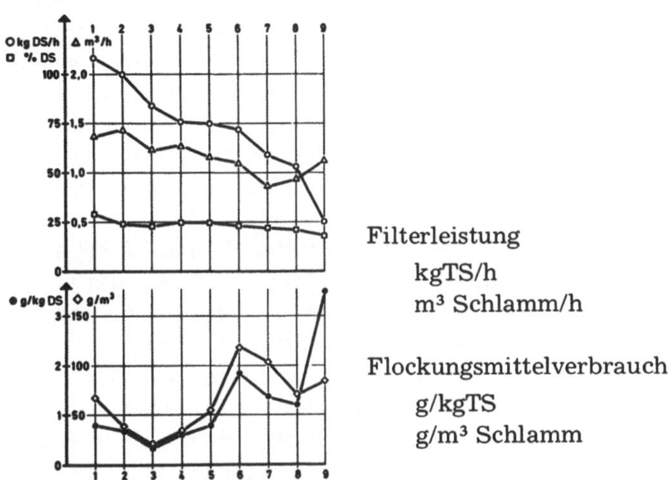

1 gemischter Schlamm (90% Papierfabrik + 10% häusl. Abwasser)
2 Primärschlamm
3 Rohschlamm (Primär- + Überschußschlamm eines Tropfkörpers)
4 Rohschlamm (Primär- + Überschußschlamm)
5 aerob stabilisierter Schlamm (frisch)
6 ausgefaulter Schlamm
7 aerob stabilisierter Rohschlamm (14 Tage gelagert)
8 Rohschlamm (48 h gelagert)
9 Überschußschlamm

Abb. 2: Entwässerungsdaten für mehrere Schlämme
(Breite der Siebbandpresse 0,5 m)

Notwendige Voraussetzung für die erfolgreiche Anwendung der Siebbandpresse war die Entwicklung leistungsfähiger Flockungshilfsmittel. Sie müssen in die Mischschnecke sorgfältig eingebracht werden, damit die Flockung in der Vorentwässerungszone gerade wirksam wird. Ein zu langes Mischen hat sich als schädlich erwiesen. Im Behälter (A) wird das als Pulver angelieferte Flockungshilfsmittel angerührt, im Tank (L) gelagert, über die Pumpe (P4) zudosiert.

Die Ergebnisse verschiedener Großversuche, die der Ruhrverband in den Jahren 1967 und 1968 mit einer 0,5 m breiten Siebbandpresse durchführte, sind in *Bild 2* zusammengefaßt. Die erreichten Feststoffgehalte lagen zwischen 16 und 25%, wobei erwartungsgemäß aerob stabilisierter Schlamm und Überschußschlamm am schlechtesten entwässerten. Frischschlämme aus Primär- und Tropfkörperschlamm (4) zeigten ein günstigeres Verhalten als solche aus Primär- und belebtem Überschußschlamm (8). Diese Feststellung galt auch hinsichtlich der Durchsatzleistung (kg TS/h). Der Flockungshilfsmittelverbrauch bewegte sich zwischen 40 und 120 g/m³ Schlamm bzw. 0,4 und 3,4 g/kg TS.

Zur Säuberung des Siebbandes wurden 0,6 bis 1,3 m³/h Spülwasser benötigt. Im Filtrat waren im Mittel 1 g/l Feststoffe enthalten. Nach Abtrennung der leicht absetzbaren Stoffe betrug der BSB₅ des Filtrates bei Frischschlamm 350 mg/l und bei Faulschlamm 1200 mg/l.

Das weitere Verhalten des Frischschlammes wurde auf einer Versuchsdeponie beobachtet. Diese war kegelförmig angelegt. Der abgelagerte Schlamm trocknete oberflächlich bis auf 60% TS, nahm aber bei Regen wieder Wasser bis 25% TS auf. Es bildeten sich keine Erosionsrinnen. Auch die Geruchsentwicklung hielt sich in Grenzen. Die dreijährige Beobachtung der Versuchsdeponie zeigte, daß die obere, ca. 20 cm starke Schicht mehr und mehr das Aussehen von Erde annahm, während im Inneren ausgesprochene Faulvorgänge abliefen.

Der Ruhrverband hat inzwischen für eine Anlage von 30.000 E, in der wegen der galvanischen Einflüsse das Abwasser nur chemisch gereinigt wird, 2 Siebbandpressen mit gutem Erfolg in Betrieb genommen. Eine andere Entwässerungsanlage für 50.000 E ist nahezu fertiggestellt. Als Drittes wurde der Auftrag für Siebbandpressen und Zentrifugen für 400.000 E vergeben. Hier soll der Schlamm anschließend in Wirbelschichtöfen verbrannt werden.

Wir halten die Siebbandpresse für eine brauchbare Entwässerungsmaschine, die vorzugsweise bei kleineren und mittleren Anlagen eingesetzt werden kann.

K. H. Kalbskopf *

Versuche zur thermischen Konditionierung von Klärschlamm und zur anaeroben Behandlung des anfallenden Filtratwassers

Die Entwässerung der auf dem Klärwerk Emschermündung anfallenden Überschußschlämme der Belebungsstufe (rd. 2000 m³/d mit 5% Feststoffgehalt) ist nur nach vorheriger Konditionierung möglich.

Bei Anwendung des thermischen Konditionierungsprozesses müssen dem Schlamm keine Ballaststoffe wie Kalk, Eisenchlorid oder Asche zugesetzt werden, wodurch der entwässerte Schlamm einen höheren Heizwert als bei chemischer Konditionierung hat. Dies ist für die Schlammbeseitigung des Klärwerkes Emschermündung besonders wichtig, da der entwässerte Schlamm in einem Kraftwerk verbrannt werden soll.

Um die optimalen Betriebsverhältnisse für die thermische Konditionierung des belebten Schlammes des Klärwerkes Emschermündung zu ermitteln, wurde auf der Versuchsstation des Klärwerkes eine Versuchsanlage im technischen Maßstab gebaut, die Abb. 1 zeigt. Die Aufheizung des Schlammes im Rohrsystem dieser Anlage erfolgte indirekt durch elektrische Widerstandsheizung. Es wurden Temperaturen bis zu 240° C gefahren und die Aufenthaltszeit des Schlammes im Reaktorsystem zwischen 5 und 45 Minuten variiert. Die erreichte Verbesserung der Entwässerungsfähigkeit des konditionierten belebten Schlammes in Abhängigkeit von der Temperatur ist auf Abb. 2, in Abhängigkeit von der Verweilzeit im Reaktor auf Abb. 3 durch den spez. Filterwiderstand angegeben. Es zeigte sich, daß bei höherem organischem Anteil des belebten Schlammes höhere Temperaturen oder längere Verweilzeiten gewählt werden müssen, um einen spezifischen Filterwiderstand unter $1,0 \cdot 10^{12}$ (1/cm²) zu erreichen, bei dem der Schlamm in Kammerfilterpressen in weniger als 100 Minuten auf etwa 50% bis 60% Fest-

---

* K. H. *Kalbskopf:* Emschergenossenschaft, D-43 Essen, BRD.

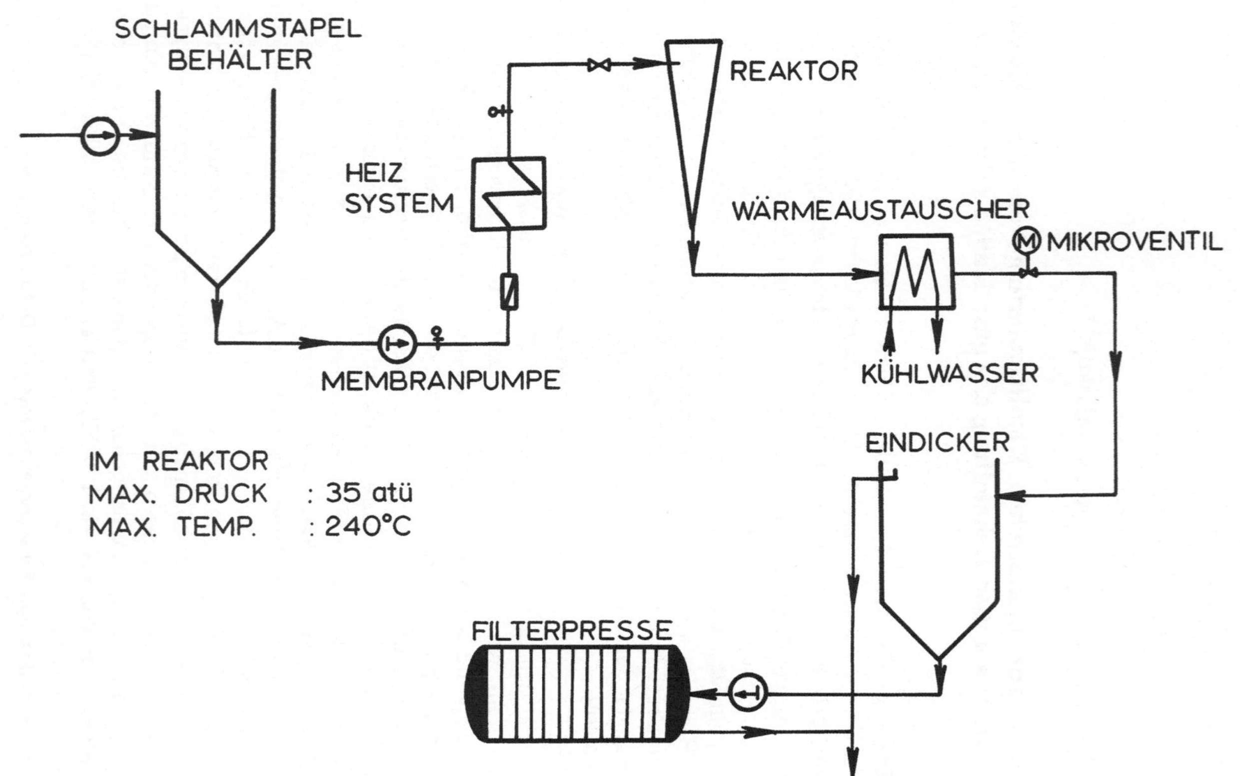

Abb. 1: Versuchsanlage für Schlammwärmebehandlung

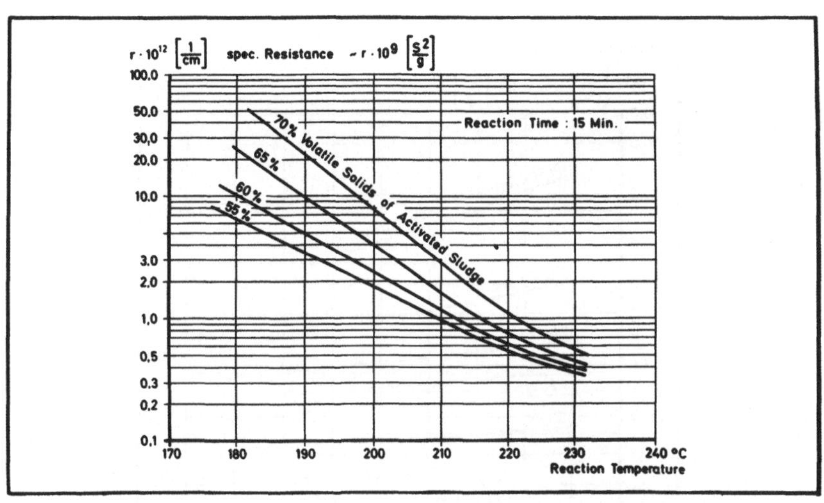

Abb. 2:   Einfluß der Reaktionstemperatur auf den spez. Widerstand

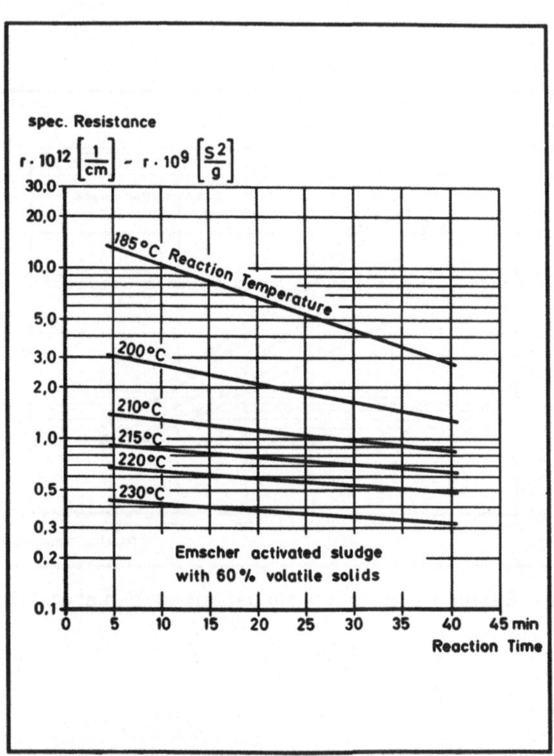

Abb. 3:   Reaktionszeit – spez. Widerstand

128

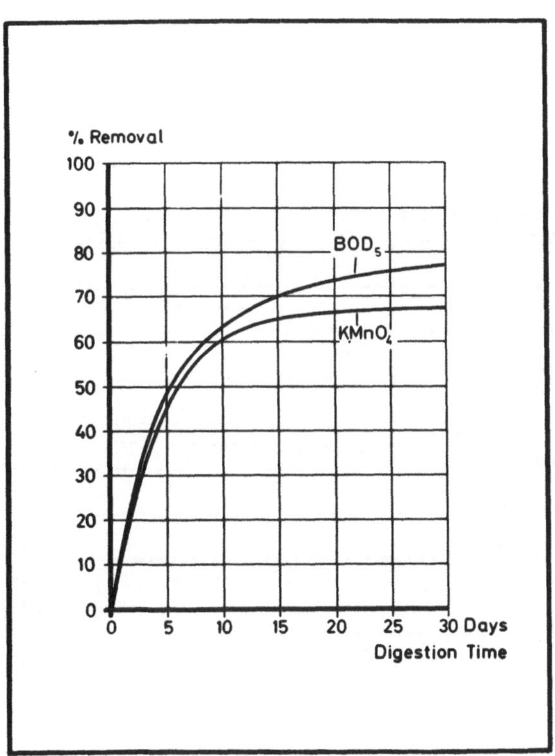

Abb. 4:   BSB₅ und KMnO₄ Entfernung – Behandlungszeit des Filtrates

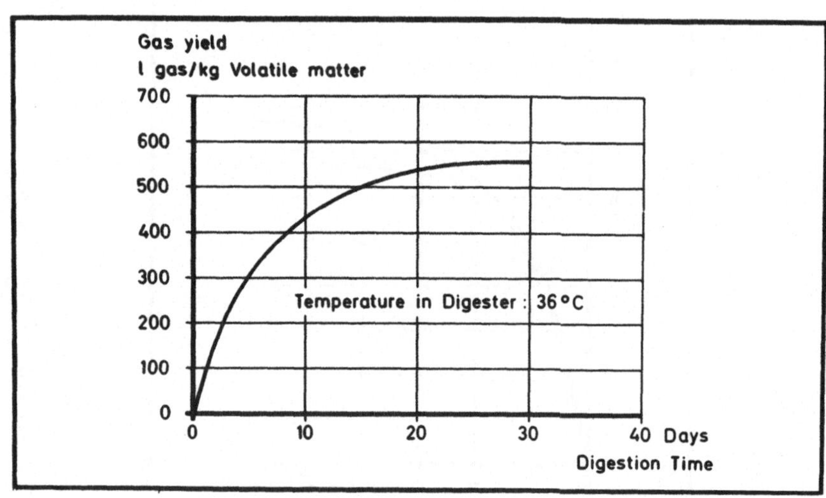

Abb. 5:   Spez. Gasproduktion – Behandlungszeit des Filtrates

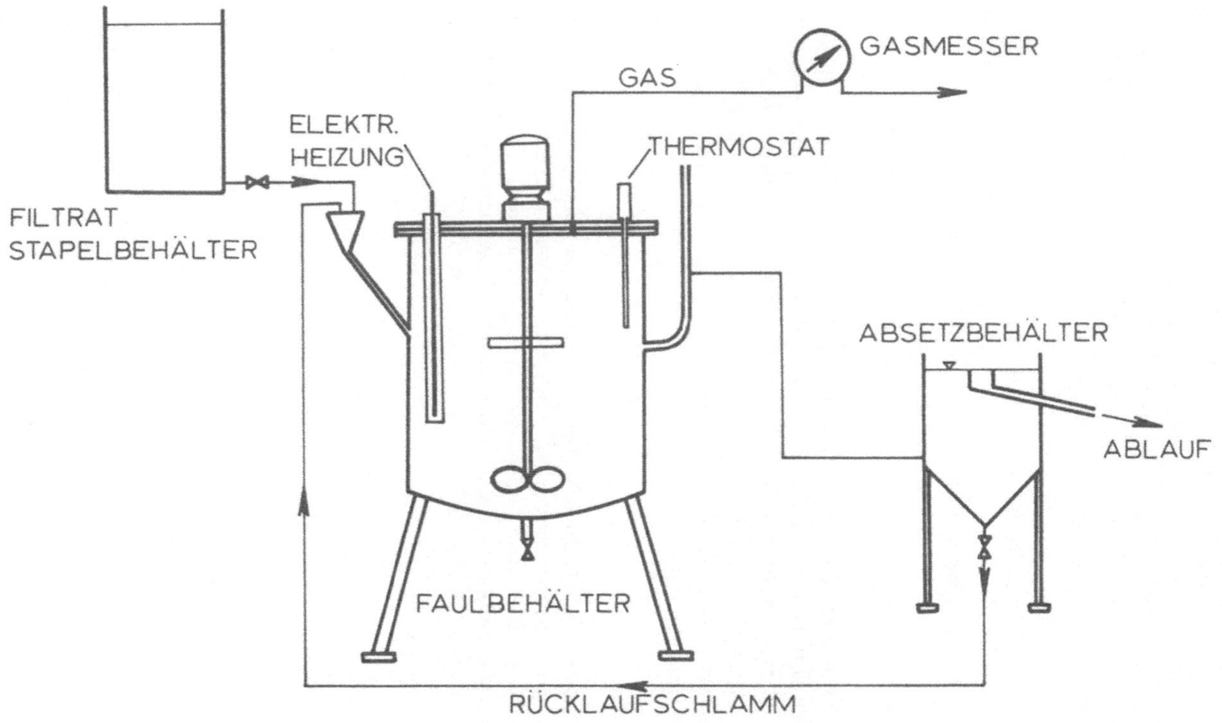

Abb. 6:   Versuchsanlage für Filtratbehandlung

stoffgehalt entwässert werden kann. Der Heizwert solcher Schlämme liegt bei etwa 1400 kcal/kg bis 1800 kcal/kg Schlamm.

Das Filtratwasser des thermisch konditionierten Schlammes ist hochverschmutzt und hat Abwasserkennwerte von i. M. 15 000 mg BSB_5/l, 20 000 mg $KMnO_4$/l, 80 000 mg CSB/l und 6 000 mg org. C/l. Eine direkte Zugabe und Mitbehandlung des Filtratwassers in der Belebungsstufe ist möglich. Versuche haben jedoch gezeigt, daß eine Vorbehandlung des Filtratwassers durch Faulung wirtschaftlicher ist. Beim üblichen Faulprozeß mit 36° C konnte in Abhängigkeit von der Aufenthaltszeit im Faulbehälter der auf Abb. 4 dargestellte Abbau beim BSB_5 und $KMnO_4$ erreicht werden. Die erzielte Gasausbeute zeigt Abb. 5.

Die Verbesserung der Verfahrenstechnik durch Rückführung der anaeroben Biomasse nach Art eines anaeroben Belebungsprozesses, wie auf Abb. 6 dargestellt, brachte einen wesentlich schnelleren Abbau der Verschmutzung in 2 bis 6 Tagen. Durch thermophile Faulung bei 55° C ist nach ersten Versuchsergebnissen eine weitere Beschleunigung des Abbauprozesses möglich.

Literatur

J. Hennerkes, Die thermische Konditionierung von Klärschlamm im Druckreaktor. Gewässerschutz, Wasser und Abwasser, Aachen (1971) Bd. 8.

S. Schlegel, Die anaerobe Behandlung von Filtratwasser aus der thermischen Schlammkonditionierung. Gewässerschutz, Wasser und Abwasser, Aachen (1971), Bd. 8.

F. Sarfert *

Beschaffenheit des „Filtrats" thermisch konditionierter Schlämme

Bei der thermischen Konditionierung geht organisches Material aus dem Schlamm „in Lösung". Um welche organischen Stoffe es sich hierbei handelt, kann heute noch nicht oder nur sehr wenig gesagt werden.

Die Beschaffenheit der „Filtrate" ist von vielen Faktoren abhängig. Da die einzelnen Faktoren bei den verschiedenen Untersuchern

Tabelle 1

Beschaffenheit der "Filtrate" aus konditionierten Schlämmen nach verschiedenen Autoren

Konditionier-bedingungen	Autor	Schlammart	TS (%)	Anteil US (%)	"Filtrat"-beschaffenheit		
					CSB (mg/l)	$KMnO_4$ (mg/l)	BSB_5 (mg/l)
thermisch (180-215°C 15-90 Min)	Mann [3]	Frischschlamm	3	20-80	13.380	-	6.870
	"	"	5,6	-	15.780	-	8.730
	"	Faulschlamm	4,3	-	16.640	-	5.680
	Brooks [4]	Belebter Schlamm	1	100	5.450	-	2.800
	Hartmann [5]	Faulschlamm	7	-	-	-	8.000
	Emscher-genossenschaft [6]	Belebter Schlamm	5	100	13.000	20.000	15.000
	Berliner Entwässerungswerke	Frischschlamm	5	50	12.500	13.000	10.000
	" "	Faulschlamm	5	-	12.000	13.000	5.000
Niedrigoxidation (9-10% Oxidation)	Erickson u. Knopp [7]	Frischschlamm	?	?	11.150	-	5.270
Hochoxidation (ca. 70% Oxidation)	Erickson u. Knopp	Frischschlamm	?	?	7.960	-	4.435
	Hurwitz u. Dundas [8]	Belebter Schlamm	2,5 - 6	100	8.300-11.600	-	4.890-7.110

* F. *Sarfert:* Berliner Entwässerungswerke, D-1 Berlin 31, Eisenbahnstraße 32, BRD.

sehr stark voneinander abweichen, differieren auch die Angaben über die Beschaffenheit der „Filtrate" sehr stark. Auch muß in diesem Zusammenhang ausdrücklich auf die z. T. unterschiedliche Analytik bei den einzelnen Bestimmungen hingewiesen werden (Tab. 1).

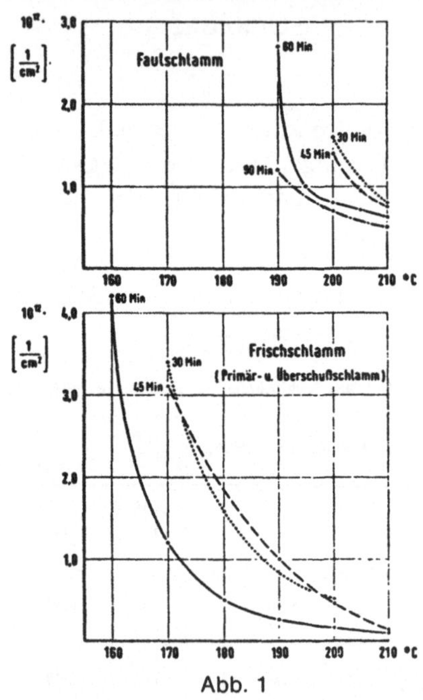

Abb. 1

Wir haben bei unseren Untersuchungen der „Filtrate", die bei der Konditionierung überwiegend häuslicher Schlämme anfielen, festgestellt, daß die Beschaffenheit vor allem von

1. den Konditionierbedingungen
2. der Schlammart- und Zusammensetzung
3. und der Schlammkonzentration

abhängig ist.

Zu 1. Bei den von uns untersuchten Konditioniertemperaturen und Reaktionszeiten im Bereich von 170–210° C und 30–90 Minuten konnten keine signifikanten Unterschiede in der Beschaffenheit des „Fil-

134

trats" festgestellt werden. Der spezifische Filterwiderstand der konditionierten Schlämme ist dagegen von der Temperatur und der Zeit abhängig. Mit steigender Temperatur und Konditionierdauer nimmt der spezifische Filterwiderstand deutlich ab, d. h., der Schlamm wird besser filtrierbar (Abb. 1).

Zu 2. Der BSBs-Gehalt im „Filtrat" thermisch konditionierter Faulschlämme liegt ca. 50% niedriger als bei thermisch konditionierten Frischschlämmen. Die CSB-Werte sind dagegen annähernd gleich. Die höheren CSB-Werte, die *Mann* bei seinen Untersuchungen in Leverkusen erhielt, sind auf die hohen CSB-Werte im Filtrat des unkonditionierten Schlammes – bedingt durch stark industriell belastete Abwässer – zurückzuführen.

Wie schon andere Autoren konnten auch wir feststellen, daß bei der Konditionierung von belebtem Schlamm mehr organische Substanz in Lösung geht als bei Primärschlamm. Konditioniert man Primär- und belebten Schlamm zusammen, wird der belebte Schlamm merkwürdigerweise dahingehend beeinflußt, daß er dabei weniger in Lösung geht.

Zu 3. Mit steigender Schlammkonzentration im Ausgangsschlamm nimmt auch der Gehalt an organischen Stoffen im „Filtrat" zu. Wir erhielten z. B. bei der Konditionierung von Frischschlämmen:

	Filtrat	
Trockenstoffe (%)	CSB (mg/l)	BSBs(mg/l)
ca. 3,5	9 000	7 500
ca. 5,0	12 500	10 000

Die gleiche Abhängigkeit besteht bei der Konditionierung von Faulschlämmen.

In Tab. 2 ist die Beschaffenheit der Schlammwässer bei der Behandlung von Schlamm mit 5% Trockenstoffen und einem Verhältnis von Primärschlamm zu Überschußschlamm gleich 1 : 1 bei thermischer Frischschlammkonditionierung, Ausfaulung mit anschließender chemischer Konditionierung mit Aluminiumchlorhydrat und Ausfaulung mit anschließender thermischer Konditionierung gegenübergestellt. Die angegebenen Werte wurden von uns bei der Behandlung von Schlamm aus der Kläranlage Berlin-Ruhleben, die überwiegend mit häuslichem Abwasser beschickt wird, erhalten. Der Frischschlamm wurde 45–60

Minuten bei 190–200° C und der Faulschlamm ca. 60 Minuten bei 200–210° C thermisch konditioniert. Die aufgeführten Werte für das Faulwasser (Fw) und das Faulschlammfiltrat (Ff$_{chk}$) sind das Mittel aus zahlreichen Untersuchungen. Für das Faulwasser wurde ein mittlerer Trockenstoffgehalt von 1% zugrunde gelegt. Das Faulschlammfiltrat wurde bei der Filtration mit Vakuumfiltern nach vorheriger chemischer Konditionierung des Schlammes mit Aluminiumchlorhydrat er-

Tabelle 2

Beschaffenheit der bei unterschiedlicher Behandlung von 5%igem Frischschlamm (Primärschlamm : Überschußschlamm = 1:1) anfallenden Schlammwässer

	Thermische Konditionierung von Frischschlamm	Faulung und anschließende chemische Konditionierung			Faulung und anschließende thermische Konditionierung		
	Schlammwasser (,,Filtrat" aus therm. Konditionierung)	Faulwasser (Fw) (1% TS)	Faulschlamm- filtrat (Ff$_{chk}$)	Schlammwasser $\begin{bmatrix}50\% \text{ Fw} + \\ 50\% \text{ Ff}_{chk}\end{bmatrix}$	Faulwasser (Fw) (1% TS)	,,Filtrat" aus therm. Konditio- nierung (f$_{tK}$)	Schlammwasser $\begin{bmatrix}50\% \text{ Fw} + \\ 50\% \text{ F}_{tK}\end{bmatrix}$
BSB$_5$ (mg/l)	10.000	1.000	250	625	1.000	5.000	3.000
CSB ~	12.500	9.000	1.000	5.000	9.000	12.000	10.500
org. C ~	6.500	3.000	300	1.650	3.000	5.500	4.250
KMnO$_4$ ~	13.000	7.500	500	4.000	7.500	13.000	10.250
NH$_4$-N ~	650	500	500	500	500	650	575
org. N ~	1.000	950	50	200	350	900	625
PO$_4$ (ges.) ~	85	1.600	200	600	1.000	150	575

halten. Es wurde nun angenommen, daß 50% der Gesamtschlammenge als Faulwasser und 50% als chemisches bzw. thermisches Filtrat anfallen, und somit das bei der jeweiligen Schlammbehandlung anfallende gesamte Schlammwasser die Beschaffenheit hat, die in den Spalten 4 bzw. 7 angegeben ist. Bei der Frischschlammkonditionierung fällt natürlich das gesamte Schlammwasser als ,,Filtrat" an.

Die anfallenden Schlammwassermengen betragen in der Regel weniger als 1% der gesamten Abwassermenge. Über die aerobe, biologische Abbaubarkeit der ,,Filtrate" haben die Berliner Entwässerungswerke umfangreiche Untersuchungen durchgeführt, über die demnächst berichtet werden soll. Aber schon jetzt kann gesagt werden, daß bei unseren Versuchen die prozentuale Erhöhung hinsichtlich des CSB und des organischen Kohlenstoffs im Kläranlagenablauf der prozentualen Erhöhung der Schmutzfracht des Zulaufs durch die „Filtrate" entspricht.

W. H. Meredith *

Schlammentwässerung

1. Eine Entscheidung über die mechanische Entwässerung von rohem und ausgefaultem Schlamm setzt zunächst eine ungefähre Wirtschaftlichkeitsberechnung auf der Grundlage der Kapitalkosten für den Bau, sowie der geschätzten Betriebskosten voraus. Die letzteren können manchmal Gegenstand einer gründlichen Revision sein, sobald die Anlage installiert und in Betrieb ist, und bedürfen einer genau umrissenen Gewährleistungsgarantie seitens des Unternehmers zu einem frühen Zeitpunkt.

2. Während Versuchsanlagen Aufschluß über die Durchführbarkeit der einzelnen Schlammbehandlungs- und Entwässerungsverfahren geben können, ergeben sich viele Probleme, die mit dem fortlaufenden Betrieb über 24 Stunden am Tag zusammenhängen, erst bei endgültigem Betrieb. Meine eigene Erfahrung mit thermischer Schlammkonditionierung in einer Anlage in England zeigt dies.

3. Die betreffende Anlage ist bemessen für die Behandlung von ca. 9000 m³ ausgefaulten Schlammes an 7 Tagen pro Woche, und die erste überschlägige Wirtschaftlichkeitsberechnung ergab, daß thermische Konditionierung und das Pressen die vorteilhafteste Anordnung darstellt. Die entsprechenden Werte waren:

	thermische Konditionierung und Pressen		chemische Konditionierung und Pressen	
	US-$	öS	US-$	öS
Lohn	12 000	276 000	9 600	220 800
Kraftstoff, Öl	6 000	138 000	–	–
Energiekosten	2 880	66 240	3 600	82 800

* W. H. *Meredith:* Howard Humphrey and Sons, Consulting Engineers, Westminster House, West Street, Epsom, Surrey, England.

(Fortsetzung Tabelle von Seite 138)

	thermische Konditionierung und Pressen		chemische Konditionierung und Pressen	
Chemikalien	–	–	21 600	496 800
Unterhaltung	2 880	66 240	1 440	33 120
p. a.	23 760	546 480	36 240	833 520
Kapitalkosten:	US-$	Mio öS	US-$	Mio öS
Masch.	192 000	4 416	192 000	4 416
Bau.	216 000	4 968	139 200	3 201
	408 000	9 384	331 200	7 617

4. In diesem Falle erwies sich der Grad an Anlagenüberwachung und an Unterhaltung für die thermische Konditionierungsanlage als wesentlich höher, wodurch die ursprünglich veranschlagten Unterschiede bei den Betriebskosten aufgehoben wurden. Die derzeitige Schätzung des Kostenvergleichs lautet wie folgt:

	thermische Konditionierung und Pressen		chemische Konditionierung und Pressen	
	US-$	öS	US-$	öS
Lohn	21 600	496 800	14 400	331 200
Kraftstoff	8 640	198 720	–	–
Energiekosten	4 800	110 400	4 800	110 400
Geruchskontrolle	4 800	110 400	–	–
Chemikalien	–	–	21 600	496 800
Unterhaltung	7 200	165 600	2 400	55 200
	47 040	1 081 920	43 200	993 600

5. Die installierte thermische Konditionierungsanlage wurde im Hinblick auf eine Verdoppelung der Kapazität ausgelegt, für die die jährlichen Betriebskosten auf der Grundlage der Behandlung von ca. 820 000 m³ ausgefaulten Schlammes jährlich mit 97% Wassergehalt abgeschätzt wurden.

	US-$	öS	US-$/m³	öS/m³
Lohn	21 600	496 800	.266	6,12
Energie	4 800	110 400	.059	1,36
Nebenkosten	2 400	55 200	.027	0,62
Unterhaltung	7 200	165 600	.085	1,96
Geruchskontrolle	4 800	110 400	.059	1,36
Kraftstoff	9 600	220 800	.117	2,69
	50 400	1 159 200	.613	14,10

Kapitalkosten ergeben sich zu $ .80 per m³ bei geschätzten Schlammverbringungskosten von $ .80 per m³. Daraus ergeben sich Gesamtkosten von ca. $ 1.50 per m³.

6. Eine ähnlich konzipierte Anlage mit chemischer Konditionierung ergab durchschnittliche Gesamtkosten von ca. $ 1.60 per m³. Diese Anlage arbeitet ohne die ständige Unterhaltung und ohne das Geruchsproblem der thermischen Konditionierungsanlage. Ausgehend von diesen Kostenberechnungen gibt es keinen Zweifel, daß wir eine weitaus bessere Übersicht über die jeweiligen Vorteile der chemischen bzw. thermischen Konditionierungsverfahren gewonnen haben, wobei die Vorteile der ersteren entschieden überwiegen.

7. Die Leistung der thermischen Konditionierungsanlage wird wesentlich beeinflußt durch die zunehmende Verstopfung der Wärmeaustauscher, besonders im ersten Abschnitt der Anlage.

8. Das Auftreten von zunehmender Verstopfung wird wesentlich beeinflußt durch den Wassergehalt des zu behandelnden ausgefaulten Schlammes. Über ca. 12 Monate gesammelte Erfahrungen weisen darauf hin, daß der optimale Wassergehalt für ausgefaulten Schlamm bei 97% liegt. Mit diesem Wert kann ein wirksamer fortlaufender Betrieb über 21 bis 28 Tage erreicht werden. Bei 96 bis 96,5% wird der Zeitraum auf weniger als 4 Tage verringert. Diese Werte unterstreichen die Notwendigkeit einer vertraglich vereinbarten Gewährleistungspflicht in Verbindung mit einem genau festgelegten Bereich des Schlammwassergehaltes.

9. Der sich aus den Betriebsschwierigkeiten ergebende Hauptfaktor beim Entwurf ist die sorgfältige Beachtung einer alternativen Anordnung der Rohre im ersten Abschnitt des Wärmeaustausches, an die der konditionierte Schlamm Hitze an den neu zugeführten Schlamm abgibt. Dieser erste Abschnitt besteht aus einem 65 mm Innenrohr

montiert in einem 100 mm Rohr. Die hauptsächliche Verstopfung erfolgt in diesem 100 mm Rohr, und die Anzeichen sprechen dafür, daß eine alternative Vorkehrung für einen Schlamm- bzw. Wasserdurchfluß in diesem ersten Abschnitt natürlicherweise das Auftreten von Verstopfung vermindern sowie selbstverständlich die notwendige Rohrlänge verdoppeln würde.

10. Das Geruchsproblem auf dieser speziellen Anlage bezieht sich hauptsächlich auf das Dekantierwasser des thermisch konditionierten Schlammes und dem folgenden Filtrat aus der Presse. Ein Leistungsabfall in den vorderen Rohren führt zu einer steigenden Temperatur des Dekantierwassers, das vor dem Preßvorgang von dem konditionierten Schlamm abgetrennt wird. Wenn diese Temperatur einen Wert von 43–46° C übersteigt, ist eine örtliche Geruchsbelästigung die Folge und die Arbeitsbedingungen im Gebäude mit den Pressen werden trotz des installierten Ventilationssystems erschwert.

11. Die Gesamtleistung der Anlage ist durchaus ausreichend mit guten Schlammpreßkuchen mit 50% Wassergehalt und Preßzeiten von 3–4 Stunden, verbunden mit ca. 20 Minuten Konditionierungszeit bei nicht weniger als 185° C. Ein Abfall dieser Konditionierungstemperatur bedingt längere Preßzeiten und die Inkaufnahme von nässeren Preßkuchen bis 60% Wassergehalt.

12. Diese kurze Einführung, die einige hervorstechende Gesichtspunkte aufgrund von Beobachtungen auf einer Anlage erläutert, soll Hinweise für die Anpassung von detaillierter Planung und Entwurf auf dem Gebiet der Schlammkonditionierung und -entwässerung geben.

Th. Wüsten und *E. Zingler* *

Betriebserfahrungen bei der Schlammtrocknung auf dem Gruppenklärwerk Neersen

1. Einführung

Im Nachfolgenden soll über die Betriebserfahrungen und Kosten der Schlammtrocknung auf dem Gruppenklärwerk I des Niersverbandes berichtet werden.

Zuvor sind einige einführende Erläuterungen zweckmäßig. Die Kläranlage wird mit 660.000 EGW belastet. Das Abwasser ist in seiner Zusammensetzung stark von der Textilindustrie beeinflußt. Die Abwasser-Reinigung erfolgt mittels Vorklärbecken, einer Eisenfällungsanlage, einer biologischen Vorstufe mit Zwischenklärung sowie der biol. Hauptstufe. Der anfallende Schlamm wird in Faulbehältern bei ca. 21 Tagen Aufenthaltszeit und 30° C Temperatur stabilisiert. Die wesentlichen Daten des Schlammes sind in der Tabelle I zusammengestellt.

Tabelle I

Schlammkennwerte

Frischschlamm	5.200 m³/Woche
	oder 1.000 m³/Arbeitstag
Feststoffgehalt insgesamt	6 % Gewicht
davon organisch (Glühverlust)	50–60 % (Mischsystem)
Feststoffmenge	70–80 t /Arbeitstag

Frischschlammenge ≑ Faulschlammenge

Von dem Schlammanfall in der Größenordnung von 5.200 m³/Woche werden ca. 4.500 m³ nach der Pasteurisierung als Naßschlamm landwirtschaftlich untergebracht (verregnet). Darüber wird hier ein

* Eberhard *Zingler:* Niersverband, Postfach 529, D-409 Viersen, BRD.

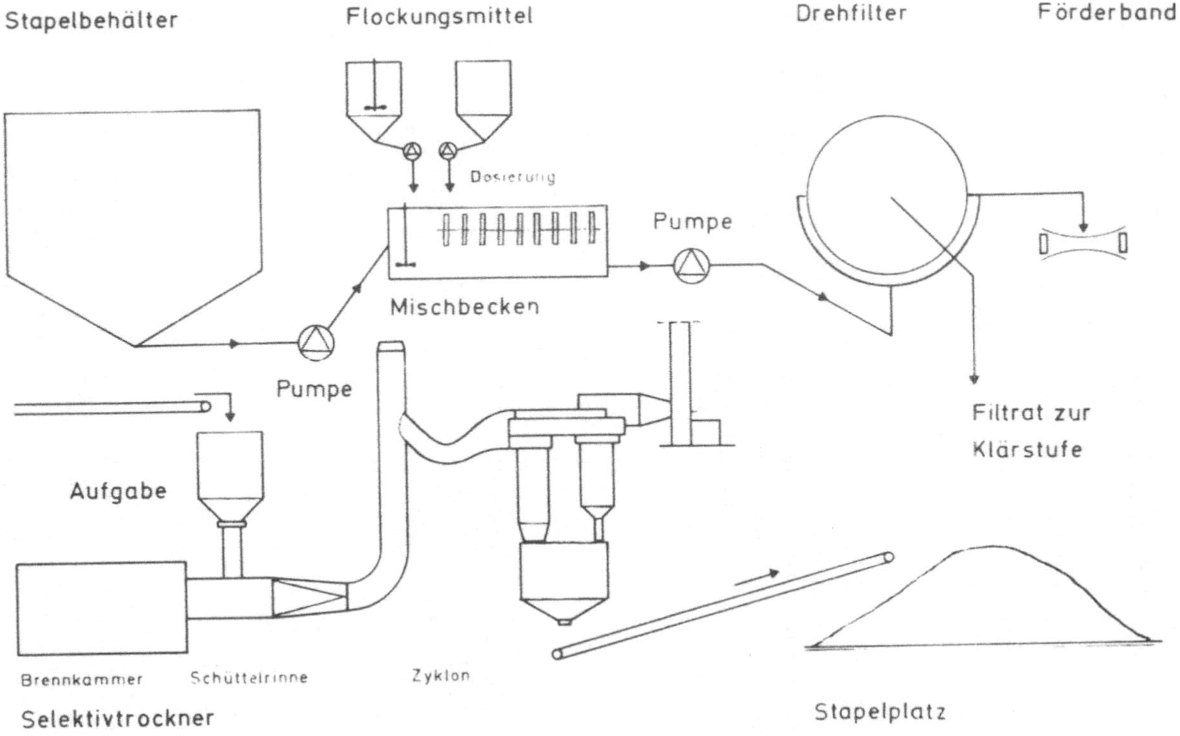

ABB.1. Fließschema

besonderes Referat gehalten. Die verbleibenden 700 m³/Woche (das sind 30.000 m³/a) werden thermisch getrocknet und anschließend an Kleinabnehmer (z. B. Weinbauern) verkauft.

2. Technische Beschreibung (Abbildung 1)

2.1 Schlammentwässerung

Der Faulschlamm wird aus einem Stapelbehälter (V = 400 m³) durch Mohnopumpen einem Mischbecken zugeführt. Aus Silos, bzw. Lösungsbehältern werden Kalkmilch (25 kg/m³) und eine Abfall-Lösung mit 6% Al (20 kg/m³) zudosiert. Die Mischung erfolgt an der Einlaufseite durch ein Propellerrührwerk (Intensivmischung), auf der übrigen Strecke des Mischbehälters durch Paddelwerke. Durch eine weitere Mohnopumpe wird der konditionierte Schlamm über einem Verteilerschacht den 4 Vakuumfiltern (Typ Buckau-Wolf) zugeführt. Die technischen Daten dieser Behandlungsstufe sind in der folgenden Tabelle zusammengestellt:

Tabelle II

Daten der Entwässerungsanlage

Trommeldrehfilter	4	Stück
Filterfläche 4 × 29 (7 Std. Filterzeit		
netto pro Schicht	116	m²
Schlammdurchsatz rd.	20	m³/h
Feststoffdurchsatz rd. (Originalfeststoffe)	1.200	kg/h
Leistung:		
a) Schlammbezogen	170	l/m²h
b) Feststoffbezogen		
(Originalfeststoffe)	10,2	kg/m²h
Wasserentzug	16	m³/h
Restvolumen	1	m³/h
Restwassergehalt	70	%

Begrenzender Faktor für den Grad der Ausnützung der verfügbaren Filterkapazität ist die nachfolgende Trocknungsanlage. Dieser Anlage wird der Schlammkuchen über Transportbänder zugeführt. Das Filtrat (BSB₅ – ca. 350 mg/l) wird in die biologische Klärstufe geleitet.

2.2 Schlammtrocknung

Der vorentwässerte Schlamm wird in einem Schwebetrockner (Typ Hazemag) getrocknet. Der Trockner wird mit Faulgas beheizt. Die Durchsatzleistungen, die lt. Werksangabe erreichbar sind, werden im praktischen Betrieb – auch aus Gründen der Betriebssicherheit – nicht erreicht. Darauf ist noch einzugehen. Einen Vergleich der Leistungswerte ermöglicht die folgende Tabelle.

Tabelle III

Betriebsdaten des Schwebetrockners (8 Std. Tag)

		Betriebs- ergebnis	lt. Werks angabe
Wassergehalte			
Filterkuchen	%	70	76
Trockengut	%	45–50	40
Temperaturen			
Brennkammer	°C	**650**	**800**
Abgase	°C	165	180
Durchsatzmenge	t/h	3,0	5,3
Verdampfung	t/h	1,3	3,0
Restgut	t/h	1,7	2,3
Energiebedarf			
(Faulgas)	m³/h	400	–

Das Ausgabegut wird direkt oder nach Zusatz von Torf und Mineraldünger an Kleinabnehmer und Gartenbaubetriebe abgesetzt. Die Veredelung und der Vertrieb werden durch einen Privatunternehmer durchgeführt. Entsprechend richtet sich der Jahresdurchsatz der Trocknungsanlage nach den Absatzmöglichkeiten dieses Unternehmers. Auf die Kosten wird am Ende dieses Berichtes einzugehen sein.

3. Betriebserfahrungen

Die Schlammtrocknung wird von einem qualifizierten Arbeiter gefahren. Der Prozeßablauf ist weitgehend automatisiert. Sehr lohnintensiv ist die Reinigung der Filtertücher aus Perlongewebe, die etwa alle 120–150 Betriebsstunden erforderlich wird. Die Lebensdauer des Ge-

webes hat sich zu ca. 6000 Betriebsstunden ergeben. Als zuweilen störanfällig bei der Entwässerungsanlage sind die Vakuum- und Filtrat-
pumpen sowie die Steuerköpfe der Filter zu bezeichnen.

Der Schwebetrockner wurde erstmals 1962 in Betrieb genommen.
Durch die erforderlichen, zahlreichen konstruktiven Veränderungen
verursacht, konnte er erst ab 1968 im Dauerbetrieb gefahren werden.
Dennoch konnte die vorgesehene Trocknungstemperatur von 800° C im
Dauerbetrieb nicht angewendet werden: die beweglichen Teile (Schüttelrinne und Lagerbolzen) wurden durch die hohen Temperaturen zusätzlich so beansprucht, daß sie nach kurzer Zeit stark beschädigt waren. Die Beschädigungen erfolgten, obwohl hitzebeständiges Material
(Sicromal) verwendet wurde.

Generell müssen als störanfällig bezeichnet werden:

a) Schüttelrinne und Federstäbe
b) Aufgabeschleuse mit Getriebemotor und Kettenantrieb (unter-
   dimensioniert)
c) Austragsschleuse
d) Zyklon } (Korrosion)

Voraussetzung für den einwandfreien Betrieb der Trocknungsanlage ist ein konstanter Wassergehalt des Aufgabegutes von rd. 70%.
Fällt der Filterkuchen feuchter an, so treten Verstopfungen auf. Da der
getrocknete Schlamm noch einen erheblichen Wasseranteil hat und außerdem der Heizgasstrom nicht intensiv genug ist, treten im Zyklon
Ablagerungen auf, die von Hand beseitigt werden müssen.

Die Entstaubung im Zyklon ist unzureichend. Bei der Konstruktion blieb unberücksichtigt, daß der getrocknete Schlamm in der Korn-
zusammensetzung und im Wassergehalt nicht homogen ist. Daraus ergibt sich, daß feinste Staubteile, z. T. noch glühend, aus dem Zyklon
herausgelangen. Das hat u. a. zu kleineren Bränden auf dem Dach des
Betriebsgebäudes geführt.

Ein weiterer Nachteil des Staubaustrittes ist darin zu sehen, daß
außer den Ablagerungen auf den Gebäuden und Klärwerksflächen die
Motoren und Getriebe anderer Klärwerkseinrichtungen geschädigt
werden. Grundsätzlich wird dadurch bei diesen Anlagenteilen ein höherer Wartungsaufwand notwendig.

146

4. Betriebskosten

Die folgenden Betriebskosten-Zusammenstellung ist für die ersten
4 Monate d. J. (1971) gültig.

4.1 Kapitaldienst (feste Kosten kalkulatorisch)   DM/a

Abschreibung Bauwerke	3% von	700.000,– DM	21.000,–
Abschreibung Maschinen u. Elektr. Anlagen	7% von	1,640.000,– DM	114.800,–
Verzinsung 5% von 50% d. Anlagekosten		von 2,340.000,– DM	58.500,–
lfd. Unterhaltung der Anlagekosten	1% von	2,340.000,– DM	23.400,–
Feste Kosten pro Jahr			217.700,–
Feste Kosten pro ⅓ Jahr rd.			**72.600,–**

4.2 Betriebskosten (⅓ Jahr)

a) Personal- und Reparaturaufwand

Personalkosten lt. Betriebstagebuch	15.160,– DM	
Transport z. Privatunternehmer	8.500,– DM	
Reparaturen: Löhne	18.860,– DM	
Material	3.000,– DM	45.520,–

b) Chemikalien

224 t Kalk	je 79,15 DM rd. 17.730,– DM	
166 t Aluchlorid	je 51,20 DM rd. 8.500,– DM	
Spezialsalz für Vakuumpumpen	300,– DM	26.530,–

c) Betriebsmittel (⅓ Jahr)

Strom	rd. 7.970,– DM	
Wasser	rd. 400,– DM	
Schmiermittel	rd. 270,– DM	8.640,–
Summe der Betriebskosten (⅓ Jahr) =		**80.690,–**

4.3 Zusammenstellung

Feste Kosten	ca. 72.600,– DM	
Betriebskosten	ca. 80.700,– DM	
Kosten für ⅓ Jahr	ca. **153.300,– DM**	

4.4 Bezogene Kosten

a) Naßschlamm (6% TS)
8.968 m³ in 4 Monaten

bezogene Kosten $\frac{153.300}{8.968}$ rd. 17,– DM/m³

Rückeinnahme durch
Verkauf d. Trockengutts   rd. 4,70 DM/m³

Bezogene Kosten (Naßschlamm)	rd. **12,30 DM/m³**

b) Trockensubstanz
(einschl. d. Flockungsmittel-
anteile)
653 t in 4 Monaten

bezogene Kosten $\frac{153.300}{653}$ rd. 235,– DM/t

Abzüglich Rückeinnahme   rd. 65,– DM/t

Bezogene Kosten (Trockensubstanz)	rd. **170,– DM/t**

5. Schlußbemerkung

Die vorgenannten bezogenen Kosten sind nicht allgemein übertragbar. An ihnen ist jedoch bemerkenswert, daß mehr als 14% der Kosten für den Reparaturaufwand erforderlich sind. Vergleicht man die vorstehend genannten Kosten mit dem Aufwand, der sich für die Pasteurisierung mit nachfolgender Verregnung auf landwirtschaftlich genutzten Flächen ergibt, so bestehen folgende Relationen:

Trocknung	170,– DM/t oder 12,30 DM/m³
Naßschlammabfuhr	50,– DM/t oder 3,– DM/m³

Aus diesen Zahlen ergibt sich, daß die Schlammtrocknung dann unwirtschaftlich wird, wenn eine Naßschlammabfuhr grundsätzlich möglich ist.

H. B. Tench *

Schlammbehandlung durch Filterpressen und Verbrennung in Sheffield

Das Abwasserreinigungsamt Sheffield betreibt fünf Kläranlagen, von denen Blackburn Meadows die größte ist. An diese Anlage sind 510.000 Einwohner angeschlossen, der Trockenwetteranfall beträgt 145.000 m³/d, 25% davon sind gewerbliches Abwasser, das hauptsächlich aus der Stahlindustrie stammt.

Die Filterpressenanlage, die eine der größten der Welt ist, wurde 1962 mit der Absicht fertiggestellt, den anfallenden Filterkuchen an einem ca. 10 km vom Werk entfernten Platz abzulagern. Es wurden in der Folge täglich 250 t Filterkuchen erzeugt, der jedoch nur wenig Lufttrocknung erfuhr, bevor frischer Filterkuchen auf dessen Oberfläche abgelagert wurde. Infolgedessen war der nasse abgelagerte Schlamm eine zähflüssige Masse, die eine Ablagerung schwierig machte. Noch wichtiger aber ist die Tatsache, daß der Schlamm naß genug war, um die Gärung auftreten zu lassen. Diese Gärung erzeugte einen sehr unangenehmen Geruch und machte die Ablagerung des Schlammes zu einer unannehmbaren Art der Verwertung.

Eine mit mehrfachen Etagen ausgerüstete Schlammverbrennungsanlage wurde errichtet und 1968 in Betrieb genommen.

Beschreibung der Anlage zur Schlammbeseitigung

Das Filterpressenhaus (1) und die Verbrennungsanlage (2), (3) wurden schon früher genau beschrieben und Abb. 1 zeigt den Vorgang der Schlammbeseitigung. Im folgenden werden nur einige der wichtigeren Gesichtspunkte dargestellt.

---

* H. B. *Tench:* Sheffield Corporation, Water Pollution Control Department, Alsing Road, Wincotank, Sheffield, S 9 1 HF, England.

KALKHYDRATPULVER + ABLAUF
HAUPTSTROM BLITZMISCHER
6 LUFTKOMPRESSOREN JE 85 l/s
36 FILTERPRESSEN
65 FILTERKUCHEN 1,22 M^2 x 38 MM
4,2 t JE PRESSUNG
8 RECHTECKIGE ABSETZBECKEN MAX. SCHLAMMSTAPELRAUM 13 600 M^3
3 RECHTECKIGE ROHSCHLAMM-STAPELBEHÄLTER ZU JE 1360 M^3
3 KALKMISCHBEHÄLTER JE 91 M^3 INHALT
3 BEHÄLTER FÜR KONDITIONIERTEN SCHLAMM MIT JE 286 M^3
12 KOLBEN JE 8,2 M^3
SELBSTKIPPENDE WAGGONS MIT 8=4t PRESSKUCHEN
ASCHESILO 181 M^3 INHALT
FILTERKUCHENBRECHER
FÖRDERBAND
2 NICHOLSHERRESHOFFÖFEN MIT JE 6,75 M DURCHMESSER 12 M HÖHE UND 9 FEUERSTELLEN GESAMTKAPAZITÄT ETWA 17t/h
SILO MIT 16t INHALT UND EINEN FÖRDERBANDBODEN
KIPPMULDE

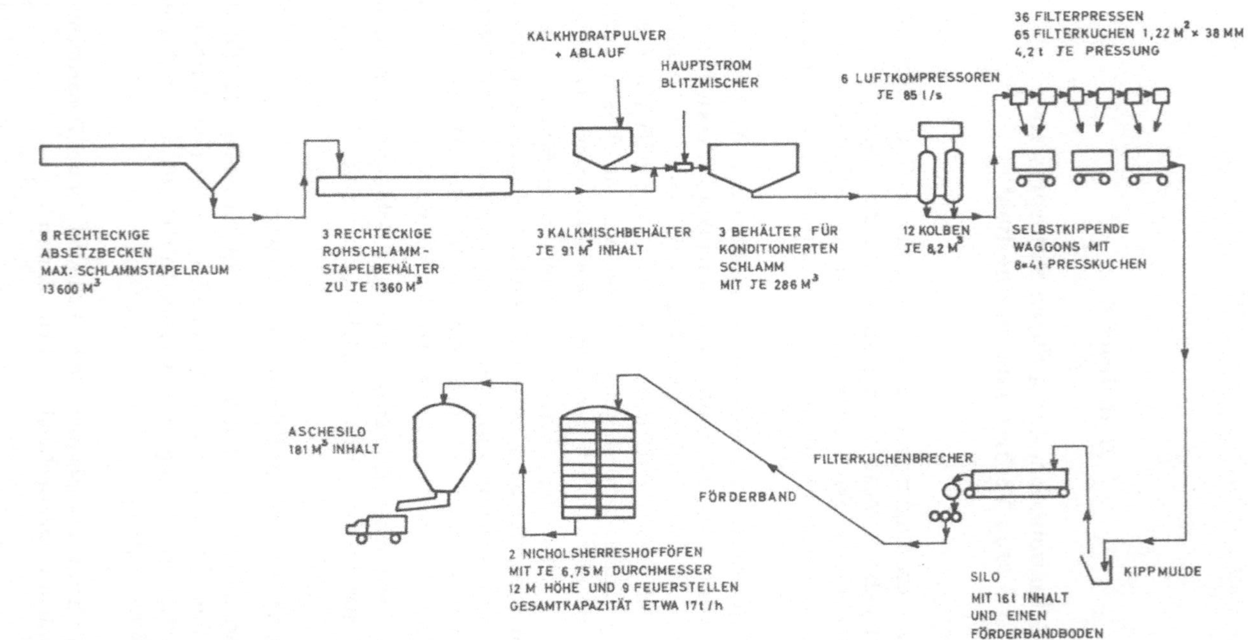

Abb. 1

Wie bekannt ist, hat der Feststoffgehalt des zugeführten Schlammes großen Einfluß auf den Wirkungsgrad des Entwässerungsvorganges. Daher werden Vorklärbecken gebaut, in denen die Mischung von Roh- und Belebtschlamm möglichst weit eindicken kann, bevor sie in Stapelbehälter gepumpt wird und zur chemischen Aufbereitung bereit steht. Das gewerbliche Abwasser der Stahlindustrie sichert normalerweise einen ausreichenden Eisengehalt, sodaß nur Kalk zugesetzt wird. Dies geschieht, indem Kalkmilch mit Schlamm rasch und gründlich mit Hilfe eines Rührers gemischt wird; der Rührer befindet sich in der Hauptleitung, mit der der vorbehandelte Schlamm in die Vorratsbehälter gepumpt wird. Von diesen Behältern aus wird der Schlamm durch druckluftgetriebene Kolben zu den Filterpressen gepumpt.

Jeder der 6 Luftkompressoren versorgt 6 Filterpressen über jeweils 2 Kolbenpumpen, von denen eine Schlamm unter Vakuum ansaugt, während ihn die andere unter einem max. Druck von 6,35 kg/cm² an die Filterpressen abgibt. 30 Pressen sind dauernd in Betrieb, die anderen 6 sind für Reinigungszwecke außer Betrieb. Ein Pressen-Turnus dauert 7 Stunden. In einer Woche mit 120 Werkstunden werden normalerweise 420 Preßvorgänge durchgeführt. Die Produktion beträgt ca. 1.800 t pro Woche; diese Menge wird in ungefähr 104 Stunden verbrannt, obgleich von den Angestellten der Anlage zusätzlich 24 Stunden gearbeitet werden, um das Warmlaufen am Wochenende und den Abkühlvorgang zu beaufsichtigen. Der Transport zur Verbrennungsanlage erfolgt mit Waggons, die von einer Diesellokomotive gezogen werden. Die Waggons fassen ca. 8,4 t Filterkuchen und jede halbe Stunde wird eine Waggonladung in den Ladebunker gekippt; von hier erfolgt der Transport in den Fülltrichter mit einem Fließband, um eine kontinuierliche Beschickung des Ofens zu ermöglichen. Für eine leistungsfähige Verbrennung ist es wünschenswert, den Filterkuchen in 30–40 mm große Stücke zu brechen. Um dies zu erreichen, wird das Material das den Fülltrichter verläßt durch 2 Brecher geschickt und dann über ein geneigtes Transportband dem Ofen zugeführt. Der erste Brecher besteht aus einer sich drehenden Trommel, die mit eisernen Spitzen versehen ist; der zweite Brecher besitzt 3 rotierende Wellen, an denen Schneidmesser befestigt sind.

Diese Mehr-Etagen-Anlage ging im März 1969 voll in Betrieb und hat seit dieser Zeit den gesamten anfallenden Schlamm des Werkes verbrannt. Die Anlage hat sich im Betrieb als recht verläßlich erwiesen, obwohl schon kleine Änderungen in der Qualität des zugeführten Filterkuchens dazu führen können, daß es schwierig wird, das Feuer aufrecht zu erhalten. Am Anfang konnte das Maß der Veränderungen des Feuers sehr alamierend sein und obwohl dies infolge der oben erwähnten Messungen nicht mehr der Fall ist, können die Veränderungen zeitweise für eine Steuerung von Hand aus zu rasch sein. Es werden daher Untersuchungen in Hinblick auf eine automatische Steuerung des Ofens geführt. Dies soll durch Kombination einer Temperaturmessung des Ölbrenners mit der Messung des Sauerstoffgehaltes im Abgas erreicht werden. Dadurch könnte der Ofenzug geregelt werden, indem der Zugregler über eine Steuerung in Bewegung gesetzt wird. Es wird erwartet, daß diese automatische Steuerung den Ölverbrauch reduzieren wird, da unter manueller Kontrolle die Tendenz besteht mehr Überschußluft als notwendig zu verwenden, um eine vollständige Verbrennung zu erhalten. Dies bedingt natürlich einen größeren Kühleffekt als notwendig.

Eine andere Schwierigkeit stellte das unzureichende Aufreißen des Kuchens vor dem Verbrennen dar. Wie die Erfahrung zeigt, verbrennen getrocknete Kuchenklumpen die größer als 50 mm im Durchmesser sind im Ofen nicht vollkommen. Abgesehen von dem daraus resultierenden Wärmeverlust, ergibt sich der Nachteil, daß diese Klumpen infolge ihrer langsamen Verbrennung die Verbrennungszone ausbreiten und deren Kontrolle schwieriger machen. Reihenweise werden in Sheffield Vor- und Nachbrecher aufgestellt. Der Vorbrecher wurde seit seiner Aufstellung wenig geändert; für Nachbrecher wurden Versuche angestellt, um ein ökonomisches Modell zu finden, das die Klumpen auf eine annehmbare Größe reduziert.

Die Verbrennungsanlage wurde gegen Ende des Jahres 1968 in Betrieb gestellt und es war bald klar, daß eine der Hauptforderungen für deren erfolgreichen Betrieb die Gleichmäßigkeit des Wassergehaltes des Schlammkuchens ist. Um dies zu erreichen, wurde der Kalkzusatz beträchtlich erhöht. Man erkannte, daß der Mehrverbrauch, durch den Kalküberschuß hervorgerufen, nur deshalb entstand, weil die Steuerung der Anlage unzureichend war. Im Juni wurde anstelle des Tests nach Büchner, wie er von Swanwick beschrieben wird, der C.S.T. (Capillary Suction Time) – Test eingeführt, mit dem der aufbereitete Schlamm untersucht wurde. Es ergab sich sofort ein geringerer Kalkverbrauch; eine weitere Reduktion stellte sich ein, als der Apparat mit

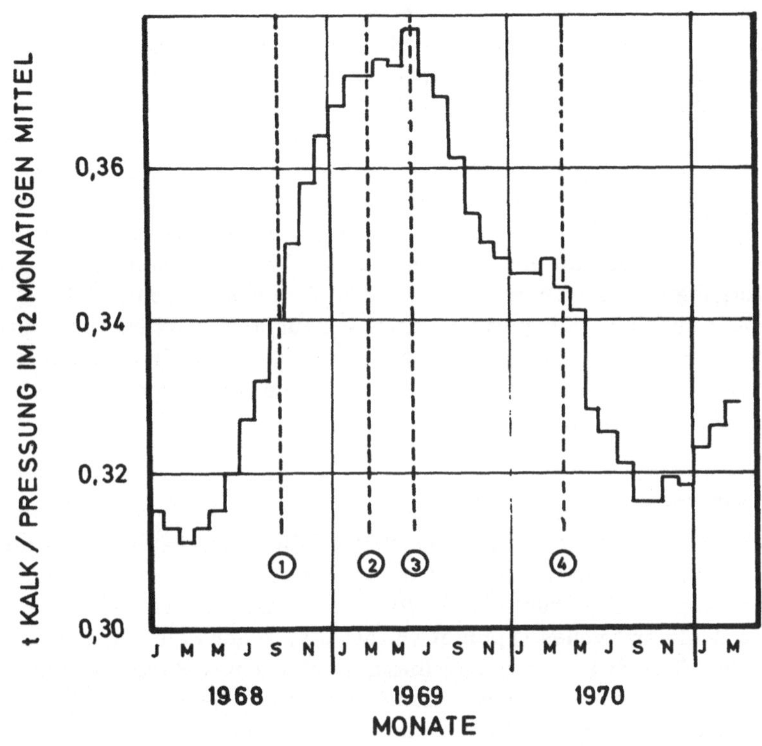

(1) Inbetriebnahme der Verbrennungsanlage

(2) Verbrennungsanlage voll in Betrieb

(3) Beginn der Steuerung über den C.S.T.

(4) Einführung eines kontrollierenden C.S.T.-Gerätes

Abb. 2

einer automatischen Druckvorrichtung ausgerüstet wurde um zu überprüfen, ob der bedienende Arbeiter den C.S.T.-Wert des aufbereiteten Schlammes tatsächlich in der gewünschten Höhe aufrecht erhält. (Dieser Wert wird Tag für Tag von einem Aufseher der Anlage je nach der Qualität des erzeugten Filterkuchens festgelegt.) Die Vorteile des C.S.T-Tests liegen darin, daß er rascher und infolgedessen öfter als der Büchner-Test durchgeführt werden kann.

Dies gibt einen verläßlicheren Hinweis auf den Erfolg der Filterpressen. Die Vorteile, die durch diesen Test erhalten werden zeigt Abb. 2, in der der Kalkverbrauch pro Preßvorgang im 12monatigen Durchschnitt (um saisonbedingte Schwankungen auszuschalten) aufgezeichnet ist. Es soll noch bemerkt werden, daß Hydratkalk $ 17,9 pro Tonne kostet und daß ein Unterschied im Verbrauch von 0,06 t pro Preßvorgang gleichbedeutend ist mit jährlichen Kosten von $ 22.000,–.

Die finanzielle Einsparung durch genaue Betriebssteuerung war erheblich, aber noch wesentlicher war die größere Gleichmäßigkeit der Konsistenz der Filterkuchen, die die Steuerung des Verbrennungsvorganges einfacher gestaltete.

Betriebserfahrungen

Während der ersten Betriebsjahre der Filterpressenanlage entstanden die Hauptschwierigkeiten bei der Ablagerung, wie vorhin erwähnt und die zu geringe Anzahl von 76 Waggons, sodaß ein Teil des Schlammes zu Schlammteichen gepumpt wurde, was in der Folge einen unangenehmen Geruch hervorrief. In dieser Zeit war das Hauptaugenmerk der experimentellen Arbeit darauf gerichtet, bessere Stoffe zur Schlammaufbereitung zu finden und verschiedene Filtertücher zu testen. Eine große Anzahl von Polyelektrolyten wurde getestet aber es konnte kein besserer Zusatzstoff als Kalk gefunden werden. Unter den untersuchten Filtertüchern wurde das einfadige „Saran“-Filtertuch als bestes befunden. Diese „Überwurf“-Tücher kosten zur Zeit je $ 9,02 und müssen nach 450 bis 600 Filtervorgängen erneuert werden.

Ursprünglich wurden während eines 12h-Tages zwei Preßzyklen durchgeführt; im Jahre 1967 wurde ein 2-Schicht-System mit drei Preßzyklen pro 16h-Tag eingeführt. Es zeigte sich ein geringer Anstieg der Kalkzugabe, der wahrscheinlich durch eine Verkürzung der Preßzeit oder durch ein gleichzeitiges Ansteigen der Verstopfung des Tuches infolge der größeren Anzahl von Preßvorgängen bedingt war.

Es gab auch einige Instandhaltungsprobleme. Zum Beispiel wurde die feuerfeste Auskleidung durch Expansions- und Kontraktionseffekte, die sich aus dem Abschalten an jedem Wochenende ergeben, beschädigt. Um dieses wichtige Problem zu lösen wird vorgeschlagen, sichere und automatische Hilfsmittel an den Brennern anzubringen, sodaß diese ohne Aufsicht in Betrieb sein können, um die Temperatur an den Wochenenden aufrecht zu erhalten.

Tabelle 1
Statistik über Schlammbehandlung

Jahr endet am 31. März		1970	1971
Schlammproduktion:			
Volumen, $10^3 m^3$		400	390
Feststoffgehalt, %		6,0	6,2
Feststoffgehalt der Asche, %		42	39
Gewicht der Trockensubstanz			
Tonnen		24.400	24.600
Filterpressung:			
Anzahl der Preßvorgänge		22.027	20.472
Gewicht des Kuchens, Tonnen		92.310	85.800
Kalkhydratverbrauch, Tonnen		7.644	6.775
Ca O/Schlammtrockensubstanz, %		23	20
	Max	43	43
TS des Filterkuchens, %	Min	20	23
	Mittel	33	34
	Max	74	68
TS-Gehalt der Asche, %	Min	44	42
	Mittel	57	53
Verbrennung:			
Stromverbrauch kWh		1,216.280	1,130.520
Ölverbrauch, m^3		1.196	879
Ölverbrauch, l/t Filterkuchen		13,0	10,2
Asche gekippt, m^3		nicht vorh.	29.800

Wärmeinhalt des organischen TS des Filterkuchens
(24 Ergebnisse 1965/71)

Maximum 27.150 kJ/kg (6.480 kcal/kg)
Minimum 22.280 kJ/kg (5.340 kcal/kg)
Mittel 25.040 kJ/kg (5.970 kcal/kg)

In Tab. 1 wird Zahlenmaterial über die Schlammbeseitigung in Sheffield angegeben und Kosten sind in Tab. 2 angeführt. Aus diesen Kosten kann ersehen werden, daß die Anlage in Sheffield einen äußerst ökonomischen Weg zur Beseitigung von industriellem Schlamm garantiert.

Tabelle 2

Kosten der Schlammbehandlung

Jahr endet am 31. März	1970	1971
Filterpressung:	$	$
Kapitalkosten	130.673	130.313
Personalkosten	55.142	47.806
Strom	19.781	19.550
Kalk	106.217	101.765
Chemikalien	8.069	5.858
Filtertücher	26.198	28.930
Reparaturen	24.490	34.646
Wartung	5.306	6.372
Sonstiges	20.930	22.469
Gesamt:	396.806	397.709
Verbrennung:		
Kapitalkosten	106.756	109.521
Personalkosten	38.218	42.850
Filterkuchentransport	9.682	15.295
Strom	19.778	19.546
Gas	2.770	886
Öl	30.886	22.457
Reparaturen	23.954	29.916
Wartung	1.728	3.367
Grunderwerb	2.434	2.074
Aschetransport	19.416	24.206
Sonstiges	14.467	20.138
Gesamt:	270.089	290.256
Kosten je Tonne Schlamm-trockensubstanz:		
Filterpressung	16,25	16,18
Verbrennung	11,06	11,78
Gesamt:	27,31	27,96

Bart T. Lynam, Ben Sosewitz und *Thomas D. Hinesly* *

„Ein flüssiges Düngemittel"
(Flüssigschlamm)
zur Verbesserung des Bodens und zur Erzeugung von Feldfrüchten

Im Metropolitan Sanitary District (MSD) von Groß Chicago werden die Abwässer von Chicago und 120 Vorstädten erfaßt, gereinigt und einer Verwendung zugeführt. Das Einzugsgebiet umfaßt eine Fläche von 2.220 km², welches von 6 Mill. Menschen bewohnt ist und wozu noch Industrieabwässer im Ausmaß von 4 Millionen EGW kommen, so daß sich eine Gesamtmenge von 10 Millionen EGW ergibt. Die erfaßte und behandelte Abwassermenge beträgt 5,1 Millionen m³/d, wovon 958 t als Feststoffe anfallen. Zur Zeit werden vier verschiedene Verfahren zur Behandlung und Stabilisierung dieser Feststoffe angewendet und zwar:

1. Naßverbrennung (Zimmermann Prozeß)
2. Wärmetrocknung (mit anschließendem Verkauf als Dünger)
3. Emscher Brunnen (mit anschließender Lufttrocknung)
4. Anaerobe Faulung mit kurzer Aufenthaltszeit (gefolgt von einer Nachbehandlung in Abwasserteichen oder landwirtschaftlicher Nutzung).

Im Metropolitan Sanitary District (MSD) wurde im Jahre 1967 ein Verfahren zur landwirtschaftlichen Anwendung, Düngung und Bodenrückgewinnung begonnen. Ein Vergleich mit den bei den einzelnen Verfahren anfallenden Kosten hat gezeigt, daß die landwirtschaftliche Nutzung (Kosten von etwa 23,– $/t) gegenüber den anderen Verfahren

---

* Bart, T. *Lynam:* The Metropolitan Sanitary District of Greater Chicago, 100 East Eric Street, Chicago, Ill. 60611, USA.

(35,– bis 55,– $/t) zur Zeit die wirtschaftlichste Lösung für den MSD darstellt.

Jedes Verfahren, das für eine dauerhafte Lösung des Schlammproblemes verwendet werden sollte, mußte die folgenden Anforderungen erfüllen:

1. weder Luft noch Wasser dürfen verunreinigt werden
2. es muß wirtschaftlich sein
3. das organische Material muß erhalten und nutzbringend verwendet werden
4. das Verfahren muß die Beseitigung endgültig lösen.

Unter den zur Auswahl stehenden Verfahren war die landwirtschaftliche Anwendung das einzige Verfahren, das alle Anforderungen erfüllte.

Bezüglich des Gehaltes an Stickstoff, Phosphor, Kalium und Zink kann man den stabilisierten Schlamm direkt als „flüssigen Dünger" betrachten. Gerade auf dieses Düngevermögen sollte man nicht vergessen, wenn man andere Verfahren erwägt.

Tabelle 1 zeigt die chemische Zusammensetzung des ausgefaulten Schlammes und die Menge der verschiedenen Elemente, die bei einer Anwendung von 56,7 Tonnen/ha dem Boden zugeführt werden.

Ausgefaulter Schlamm wirkt primär als Stickstoffdünger aber auch als eine sehr wirkungsvolle Phosphorquelle für die Pflanzen.

Im Distrikt wurden verschiedene Methoden der Verteilung des Schlammes untersucht, zum Beispiel die Furchenverrieselung, Verregnung und die Verteilung durch Tankwägen.

Bei der Hanover Wasserrückgewinnungsanlage wird Faulschlamm nach der Furchen-Methode versprüht. Mit Hilfe eines unterirdischen Rohrsystems wird der Schlamm aus den Faultürmen zu Sprührohren mit Absperrungen, die auf den Feldern liegen, gefördert. Die Absperrungen in den Rohren die sich in einem Abstand von 1,02 m befinden, verteilen den Schlamm in den Furchen zwischen den mit Mais bepflanzten Rainen.

Jedes Feld besteht aus drei getrennten Versuchsgebieten, auf denen 0,64 und 1,27 cm Schlamm pro Woche aufgebracht werden. Diese wöchentliche Aufbringung beginnt etwa am 15. Juni und endet um den 1. September. Das hervorstechendste Merkmal der Hanover Versuchsfarm besteht darin, daß die Aufbringung des Schlammes bis auf eine Entfernung von nur 30,5 m von Wohnhäusern stattfindet und seit Jahren keine ernsthaften Beschwerden erhoben wurden.

Der Distrikt und eine seiner Vertragsfirmen (SEMCO-Soil Enrichment Materials Corporation), versuchten verschiedene Versprühungssysteme. Düsen mit Durchmessern unter 1,9 cm konnten nicht verwendet werden, wohingegen bei einer Anlage mit Düsen von 4,44 cm Durchmesser von der Fa. *Semco* 317.000 t Schlamm versprüht werden konn-

Tabelle 1

*Mittel der Analysenwerte von Schlammproben aus dem
Teich Nr. 29 (auf Trockensubstanz bezogen). 1970*

Element	Anteil %	Dem Boden zugeführte Menge bei 56 t/ha
		kg/ha
Stickstoff	1,83	1030
Phosphor	3,53	1985
Kalium	0,185	103,5
Kalzium	5,11	2875
Magnesium	1,25	704
Schwefel	0,92	518
Kupfer	0,29	163
Eisen	4,00	2250
Mangan	0,034	19,1
Zink	1,02	574
Arsen	0,28 (ppm)	0,0157
Cadmium	0,065	36
Chrom	0,50	281
Zinn	0,23	129
Quecksilber	3,5 (ppm)	0,197

ten. Der versprühte Schlamm hatte einen Feststoffanteil von 10% und die versprühte Menge betrug 4,3 m³/min.

Beim Landwirtschafts-Institut der University of Illinois wurden umfassende Forschungsvorhaben über die Anwendung von Schlamm für den MSD im Northeast Agronomy Research Center bei Elwood, Illinois ausgeführt. Nach der Errichtung eines riesigen Verteilungssystems auf 44 Feldern von 3 m Breite und 15 m Länge konnte gezeigt werden, daß die Anwendung von Faulschlamm die Ernteerträge erhöhte. Die Nitratkonzentration im ablaufenden Wasser wurde zwar auch erhöht, nicht jedoch der Gehalt an fäkalen Coliformen. Bei diesen Versuchen wurden in einigen Fällen die aufzubringenden Mengen, die in Zukunft vorgesehen sind, überschritten; außerdem wurde der Ablauf von frischem Faulschlamm verwendet, der einen hohen Anteil an Ammonium-Stickstoff, verglichen mit organischem Stickstoff, hat.

Die University of Illinois machte auch Untersuchungen hinsichtlich der Anwendung bei Mais und Sojabohnen, die beide einen signifikanten Ertragsanstieg erbrachten.

In Tabelle 2 sind die Ergebnisse für Mais in drei aufeinanderfolgenden Jahren bei unterschiedlicher aufgetragener Menge angeführt.

Tabelle 2

Maiserträge und Schlammaufbringung auf lehmigem Schluff im N. E. Illinois Agronomy Research Center, 1968, 1969, 1970

Faulschlamm- aufbringung in cm/Woche	1968	1969	1970
0	4160	9000	5540
0,635	6060	9390	7500
1,27	7180	9460	7640
2,54	7040	9480	8640

Mittlere Maiserträge in kg/ha

Gesamte aufgebrachte Schlammenge: 1968 – 17,0 cm; 1969 – 25,4 cm; 1970 – 22,8 cm.

Gesamte aufgebrachte Trockensubstanz während 3 Jahren: 67,9 t.

Anfänglich ist die Versickerung von Faulschlamm in sandigen Böden besser als in lehmigen, nach einigen aufeinanderfolgenden Aufbringungen jedoch variierte die Versickerungsgeschwindigkeit von 0,06 cm/h bis 0,0006 cm/h und war vom Typ des Bodens unabhängig. Nach einer Zeit bestimmt der Rückstand und nicht der Boden die Versickerungsgeschwindigkeit. Die Versickerungsgeschwindigkeit von Faulschlamm hängt von der anfänglichen Bodenfeuchtigkeit, dem Bodentypus und dem Feststoffgehalt des Faulschlammes ab. Je höher die Bodenfeuchtigkeit und der Feststoffgehalt des Schlammes umso geringer die Versickerungsrate. Eine bestehende Bodenfeuchtigkeit in sandigen Böden

160

hat jedoch einen geringeren Einfluß als in Lehm- oder Tonböden. Wenn die Zeit zwischen aufeinanderfolgenden Versprühungen ein Trocknen des Schlammes nicht erlaubt, wird die Versickerungsgeschwindigkeit verringert. Die anfängliche Versickerungsrate bleibt jedoch voll erhalten, wenn eine Auftrocknung zwischen den einzelnen Aufbringungen erfolgen kann.

Der Schlamm gibt bei niedriger Temperatur und hoher Luftfeuchtigkeit etwa die Hälfte der Wassermenge einer freien Wasseroberfläche ab, bei hoher Schlammtemperatur und niedriger Luftfeuchtigkeit jedoch wird die verdampfte Wassermenge einer freien Wasseroberfläche erreicht.

Tabelle 3

Verschwinden von fäkalen Coli in auf Boden aufgebrachtem Faulschlamm

Tage nach Aufbringen des Faulschlamms	Zahl der fäkalen Coliformen pro g Trockensubstanz des Faulschlammes
1	3,680.000
2	655.000
3	590.000
5	45.000
7	30.000
12	700

Durch Faulschlamm werden sandige Böden außerordentlich verbessert, da ihr Anteil an organischem Material vergrößert wird, was ihr Wasserhaltevermögen sowie die Kationenaustauschkapazität vergrößert. Aber auch die Anwendung auf tonigen Böden ist von Vorteil, da auch hier der organische Anteil erhöht wird, wodurch das Wasseraufnahme vermögen des Bodens vergrößert und die Erosionsfähigkeit herabgesetzt wird. In chemischer Sicht ist die organische Substanz von Faulschlamm beinahe identisch mit dem organischen Anteil natürlicher Böden.

Es ist allgemein bekannt, daß verunreinigtes Wasser beim Durchsickern durch Böden mikrobiell gereinigt wird. Wenn man jedoch Faulschlamm auf den Boden aufbringt, liegt das Problem an der Grenzfläche Boden-Atmosphäre, wo er dem Wild, den Vögeln und den Haustieren zugänglich ist. Die Gefahr einer Ansteckung von solchen

Feldern hängt von der Widerstandsfähigkeit pathogener Keime an der Bodenoberfläche ab. In Tabelle 3 wird die rasche Abnahme fäkaler Coliformen an der Bodenoberfläche, auf der sie mit frischem Faulschlamm aufgebracht werden, gezeigt.

Untersuchungen mit Labor-Faulanlagen zeigten, daß Schweine-Darm-Virus in diesen Anlagen nicht länger als 4–5 Tage überleben konnte. Da jedoch die Aufenthaltszeit des Schlammes in den Faultürmen des Distrikts 14 Tage beträgt, kann man ziemlich sicher sein, daß unser Faulschlamm keine lebensfähigen Viren enthält.

Unsere heutige Erfahrung zeigt, daß die Schwermetalle den Boden nicht vergiften werden. Viele dieser Schwermetalle sind essentielle Pflanzennährstoffe wie zum Beispiel Bor, Kupfer, Mangan, Molybdän und Zink.

Da die organischen Feststoffe von Organismen ausgefault werden, dürfte jeglicher nachteilige Einfluß auf die zu düngenden Pflanzen wegfallen. Wenn der Gehalt an Schwermetallen im Abwasser hoch genug wäre, um für Pflanzen schädlich zu sein, würden vorerst die Organismen der biologischen Stufe oder des Faulbehälters abgetötet werden. Der Faulprozeß ist daher ein Puffer gegenüber einer übermäßigen Verunreinigung des Bodens mit Schwermetallen.

Schwermetalle sollten insoferne kein Problem darstellen, da sie sowohl durch Mißverhältnisse in den Konzentrationen als auch durch tatsächliche Konzentrationen im Boden hervorgerufen wurden. Jede neuerliche Aufbringung von Faulschlamm würde nun das Gleichgewicht der Schwermetalle erneuern; Symptome von Gifteinwirkung sind aber in Pflanzen, lange bevor der Boden langdauernd geschädigt wird, sichtbar.

Da ein Faulschlamm einen stark gepufferten pH um 7 aufweist, sollte er den pH von Böden, nachdem er in diese korporiert wurde, ins Neutrale verschieben. Da aber die meisten Schwermetalle, die in Betracht kommen im neutralen pH-Bereich im Boden in Verbindungen vorkommen, die ziemlich unlöslich sind, kann man die Verfügbarkeit der Metalle für die Aufnahme durch wachsende Pflanzen durch eine geeignete Anwendung von Kalk steuern.

Viele dieser Schwermetalle sind Bestandteile organischer Komplexverbindungen, die ihre Verfügbarkeit für Pflanzen begrenzen. Da aber diese Verbindungen einem biologischen Abbau gegenüber sehr resistent sind, können die organischen Komplexe vieler Schwermetalle auf unbeschränkte Zeit in einem für die Pflanzen schwer zugänglichem Stadium enthalten sein.

Was nun die Konzentrationen von Ammonium und Nitrat in den Oberflächenabflüssen von Elwood betrifft, so nahm die Konzentration beider mit zunehmender Regenmenge ab, war jedoch stark von der aufgebrachten Schlammenge und der Aufbringungsrate abhängig. Der Gehalt an Phosphor war im wesentlichen nur mit der aufgebrachten Menge verbunden.

Im Grundwasser wurde die Konzentration an Ammonium- und Phosphat-Ionen weder von Aufbringungsmenge noch Rate beeinflußt, die Konzentration von Nitrat-Ionen wurde jedoch auf Grund der hohen Beweglichkeit dieser Ionen im Boden von beiden Faktoren stark beeinflußt.

Während von der University of Illinois schwierigste Forschungsprojekte in Elwood und auf der landwirtschaftlichen Forschungsfarm in Urbana, Illinois durchgeführt wurden, begann der Distrikt verschiedenste Projekte um die mögliche Nützlichkeit des Verfahrens zu demonstrieren. In Ottawa, Illinois wurden 385 t Trockengewicht/ha auf eine Quarzsand Abfallhalde aufgebracht. Dadurch wurde der pH in einer Tiefe von 15 cm von 10,2 auf 6,9 abgesenkt, und in einem Gebiet, das bisher bar jeder Vegetation war, das Wachstum von Gras und Bäumen ermöglicht. Ähnliche Mengen von Faulschlamm die auf Böden von Oberflächen-Bergbau vom pH 3,2 aufgebracht wurden, ermöglichten das Wachstum von Gras. Erfolgreich war auch die Anwendung auf Schutthalden und die Düngung von Bäumen.

In jüngster Zeit wurden vom Distrikt 2.830 ha Oberflächen-Bergbauland im Foulton County, Illinois, gekauft, um das Programm der Aufbringung von Faulschlamm oder stabilisiertem Schlamm und der landwirtschaftlichen Nutzung fortzusetzen. Dies ist der erste Schritt zum Kauf oder zur Pachtung von 12.150 ha Land. Dieser Landbedarf wurde auf Grund der geringen Aufbringungsmenge von 45 t/ha Trockensubstanz im Jahr errechnet, wobei ein Spielraum für Überlaufschwellen, Siebe und Speicherbecken etc. berücksichtigt wurde. Ein Vertrag zum Transport des Faulschlammes, der Rückstände des Zimmerman Prozesses sowie der stabilisierten Feststoffe aus Emscherbrunnen mit einem Feststoffgehalt von 6–8 t über eine Strecke von 290 km von den Kläranlagen zum Farm-Gebiet wurde gemeinsam mit einem Vertrag zur Errichtung eines Lagerungs-Reservoirs geschlossen. Der

Schlammtransport wird im August 1971, die Aufbringung auf die Felder im Frühjahr 1972 beginnen.

Zusammenfassung

1. Die Verwendung stabilisierter Abwasser-Feststoffe für landwirtschaftliche Zwecke ist für den Metropolitan Sanitary District of Greater Chicago die wirtschaftlichste Lösung der Beseitigung.
2. Die Anwendung stabilisierter Feststoffe in der Landwirtschaft bringt neben der Beseitigung Nutzen.
3. Ausreichend stabilisierter Schlamm kann ohne jeglichen Schaden sicher in unmittelbarer Nähe von Wohngebieten angewandt werden.
4. Stabilisierter Schlamm ist eine wirkungsvolle Quelle für Stickstoff, Phosphor und Mikronährstoffe für den Pflanzenwuchs und kann daher eindeutig Ernteerträge von Mais erhöhen.
5. Die Anwendung verbessert sandige Böden durch Erhöhung des Wasserhaltevermögens und der Kationenaustauschfähigkeit. Tonige Böden werden durch Erhöhung des Wasseraufnahmevermögens und der verringerten Errosionsfähigkeit verbessert. Um die Boden Porösität zu erhalten muß zwischen aufeinanderfolgenden Awendungen die Trocknung abgewartet werden.
6. Fäkale Coliforme in frischem Faulschlamm sterben rasch ab, wenn sie auf Bodenoberflächen aufgebracht werden.
7. Schweine-Darm-Virus und wahrscheinlich auch andere Viren überleben nicht länger als 4 Tage in einem guten Faulturm.
8. Faulschlamm-Anwendung bringt ausreichend Stickstoff und Phosphor für Pflanzen und offensichtlich auch mehr als genügend Eisen und Zink um ein maximales Wachstum zu erreichen. Bis jetzt wurden noch keine gefahrbringenden Mengen von Cadmium, Chrom, Blei und Quecksilber in Geweben von Pflanzen, die auf Faulschlamm gewachsen waren, gefunden.
9. Der Metropolitan Sanitary District ist fest an ein Programm der Land-Rückgewinnung durch die Verwendung von Abwasser-Feststoffen gebunden. Sein jüngster Kauf von 1.830 ha Oberflächen-Bergbau-Land zeigt den Beginn eines großen Programms.

Richard Wood und *S. B. A. Ferris* *

Beseitigung von ausgefaultem Schlamm

Seit 1952 hat die West Hertfordshire Main Drainage Authority flüssigen ausgefaulten Schlamm mit Erfolg an die Landwirtschaft abgegeben. Diese Handhabung war ursprünglich gedacht als Entlastung einer überbelasteten Anlage, die mit Vakuumfilter und Heißtrocknung sowohl für überschüssigen belebten als auch ausgefaulten Schlamm ausgelegt war.

Einhergehend mit der Entwicklung des von der Authority bedienten Gebietes mußten immer größere Schlammengen verarbeitet und der zusätzliche Schlamm mittels Tankwagen abgefahren werden. Diese Betriebsweise erwies sich als sehr erfolgreich, und in den letzten 10 Jahren wurden jährlich mindestens 118 000 m³ auf diese Weise beseitigt. Tabelle 1 zeigt die Entwicklung dieser Schlammbeseitigung während der letzten 10 Jahre.

Ursprünglich wurden Tankwagen mit einer Kapazität von 4,6 m³ benutzt, jedoch wurden später Tankwagen mit 6,8 m³ Inhalt dem Wagenpark hinzugefügt. Um größere Schlammengen zu den der Authority gehörenden Höfen bringen und flüssigen ausgefaulten Schlamm an Gruben auf privaten Gehöften liefern zu können, wurden spezielle Tankwagen mit 20 m³ Inhalt in Betrieb genommen.

Verteilungszentren müssen sehr sorgfältig ausgewählt werden und sollten möglichst in der Mitte eines geeigneten Landwirtschaftsgebietes liegen, d. h. eines Gebietes mit einer guten Mischung von Wiesen und Ackerland mit den richtigen Bodenverhältnissen, so daß eine Verteilung zu allen Jahreszeiten erfolgen kann. Die Verwendung einer Rohrleitung für die Beförderung des Schlammes zu einem solchen Verteilungszentrum muß sehr sorgfältig auf ihre Wirtschaftlichkeit geprüft werden; denn falls eine solche Rohrleitung nicht unabdinglich ist, ist

---

* Richard *Wood* und S. B. A. *Ferris:* The West Hertfordshire Main Drainage
Authority, Maple Lodge, Denhamway, Rickmansworth, Herts, England.

sie wahrscheinlich nur wirtschaftlich, wenn sie in Verbindung mit einer großen Kläranlage und nur über verhältnismäßig kurze Entfernungen wie z. B. 5 km verwendet wird.

Als die Authority sich entschloß, aus wirtschaftlichen Gründen die Vakuumfilteranlage und die Heißtrocknung einzustellen und stattdessen einen Markt für flüssigen ausgefaulten Schlamm zu schaffen als hauptsächliches Mittel der Schlammbeseitigung, erwies es sich als notwendig, Vorkehrungen für ein Ansteigen des jährlichen Schlammanfalls auf ca. 320 000 m³ zu treffen. Die Umstellung wurde daher hauptsächlich als ein Transportproblem betrachtet, weniger als ein Problem

Tabelle 1

*Beseitigung von flüssigem ausgefaulten Schlamm durch Abgabe
an die Landwirtschaft*

Jahr	Menge	durchschnittlicher Transportweg (hin und zurück)
	10³m³	km/m³
1961–62	134,6	3,348
1962–63	122,1	3,734
1963–64	118,1	4,217
1964–65	130,0	3,654
1965–66	132,5	3,766
1966–67	139,4	3,927
1967–68	144,7	3,750
1968–69	160,0	4,378
1969–70	197,3	3,992
1970–71	245,9	2,801

der Abwasserbehandlung; es wurde deshalb eine getrennte Abteilung für diese Aufgabe geschaffen.

Der Fahrzeugeinsatz dieser Athority ist auf 16,5 km vom Verteilungszentrum begrenzt und Kunden (in diesem Fall die Landwirte) werden möglichst parallel zu den Hauptzufahrtsstraßen bedient.

Der Fahrzeugeinsatz dieser Authority ist auf 16,5 km vom Verteifernung; deshalb wird vor der Belieferung neuer Kunden ein Gutachten erstellt über a) Entfernung, b) erforderliche Anfahrtzeit, c) Zufahrt zu den Feldern, d) Eignung des Bodens, e) Hindernisse, wie Wasserläufe etc., f) wird der Landwirt ein ständiger Abnehmer von Faulschlamm sein, und g) ist er bereit, zur Kostenverringerung bei der Bereitstellung von Gruben, Pumpen und Bewässerungsanlagen behilflich zu sein.

Daraufhin werden Einheitszeiten für den neuen Belieferungsort aufgestellt. Auf diese Art und Weise ist es möglich, im voraus die zu liefernde Schlammenge zu bestimmen, eine wesentliche Information für den Leiter der Kläranlage.

In dem von dieser Authority betreuten Gebiet ist eine direkte Anlieferung mit Tankwagen über 8 Monate im Jahr möglich. Von Dezember bis März sind die Bodenverhältnisse hierfür nicht geeignet.

Unter diesen Voraussetzungen wird das Land mit Bewässerungsanlagen unter Verwendung von Düngerkanonen mit einer Reichweite von ca. 21 m im Umkreis behandelt. Der ausgefaulte Schlamm wird entweder aus einer Grube von mindestens 225 m³ Inhalt oder direkt von den Fahrzeugen gepumpt; dies kann bis zu einer Entfernung von rd. 1000 m vom Anfallort erfolgen. Die Entnahme aus einer Grube kann bei ca. 225 m³ in 8 Stunden erfolgen, während bei direktem Pumpen von Fahrzeugen (deren zeitlicher Einsatz sorgfältig geplant werden muß) eine Leistung von 160 m³ pro Tag zu erreichen ist. Bei nassem Wetter sind daher Gruben vorzuziehen, da damit die Standzeit jedes Fahrzeugs verringert wird.

Aufgrund der Verbesserung der Beleuchtungsausrüstung und der steigenden Fahrzeugbetriebskosten hat die Authority gute Erfahrungen in einem Jahresversuch gemacht, während welcher Zeit die Bewässerung und die Lieferung des ausgefaulten Schlammes während der Nachtstunden erfolgte. Durch die Einführung von Schichten können erhebliche Kostenersparnisse erzielt werden.

Drei Grundsätze wurden bei der Auswahl neuer Fahrzeuge beachtet, und zwar

a) Die größtmögliche Nutzlast, die unter normalen Bedingungen auf Ackerland transportiert werden kann, ohne daß die Fahrzeuge übermäßigen Flurschaden verursachen.
b) Die Fahrzeuge sollten so weit wie möglich von handelsüblicher Konstruktion und geländegängig sein.
c) Das Gewicht sollte bei voller Ladung gleichmäßig auf alle Achsen verteilt sein.

In Großbritannien gibt es eine Anzahl von Fahrzeugen, die ursprünglich für den Straßenbau konstruiert wurden. Die herausragende

Eigenschaft dieser Fahrzeuge ist eine große Nutzlast im Verhältnis zum Fahrgestell sowie Geländegängigkeit. Es stellt sich heraus, daß diese Art Fahrzeuge für unsere Zwecke am besten geeignet sind.

Nach Prüfung der Modelle dieser Fahrzeugtypen wählte die Authority den British Leyland Guy Big J6 mit 3,35 m Radstand. Für das 6rädige Betonmischer/Kipper-Fahrgestell mit einem Nettogewicht von 5,4 t ergab sich eine mögliche Tankkapazität von 12,5 m³. Unbeladen wiegt das Fahrzeug 7,2 t und beladen 19,2 t. Es wurde also eine Steigerung der Nutzlast um 91,7% im Vergleich zu den früheren größeren Tankwagen mit 6,8 m³ Inhalt erreicht bei gleichzeitiger Verringerung der Kapitalkosten um 33%.

Ein weiteres Merkmal dieses Fahrzeugs ist seine Konstruktion mit einem Ausgleichsgetriebe, womit dieselbe Geschwindigkeit auf allen 4 Hinterrädern gewährleistet wird. Schließlich sind sie mit den größtmöglichen Super-Einzelreifen auf den Antriebsrädern ausgerüstet. Diese Merkmale ermöglichen eine gute Geländegängigkeit. Die Tanks sind aus Stahl in größtmöglichen Einzelteilen hergestellt, die in Großbritannien vom Fließband bezogen werden können.

Die Entleerung erfolgt über 2 Fußventile (ø 152,5 mm) und Prallplatten, die wiederum eine Standardkonstruktion sind und es ermöglichen, die Füllung eines Fahrzeuges über eine Weite von 4,25 m in 3½ Minuten zu entleeren.

Die Verwendung von Standard-Fahrgestellen und Zubehörteilen hat zu einer Verfügbarkeit der Fahrzeuge bis zu durchschnittlich 82% im ersten Quartal 1970 geführt und spiegelt sich wieder in den verminderten Unterhaltungskosten.

Das einzige Merkmal dieser Fahrzeuge, das man bei den handelsüblichen Modellen nicht finden wird, ist die Verwendung eines am vorderen Ende des Tanks montierten zentralen Zapfens. Der Tank selbst ist bis zur Hälfte seiner Länge nicht fest mit dem Fahrgestell verbunden. Dadurch wird die auf den Tank übertragene Beanspruchung bei Überlandfahrten verringert. Die Erfahrung hatte gezeigt, daß Tanks sehr anfällig sind in Bezug auf Rißbildung, die durch die Biegebeanspruchung des Fahrgestellrahmens verursacht werden kann. Dieses Problem sollte durch die obige Maßnahme eliminiert werden.

Die Wahl von Fahrzeugen mit sehr viel größerem Gewicht bedeutet, daß sie von dem Einsatz auf Feldern etwas früher im Jahr als die kleineren Fahrzeuge zurückgezogen werden müssen; aber auf Grund guter Gewichtsverteilung und extrem großer Reifen ist dieser Unterschied belanglos und wird mehr als aufgewogen durch die größere Kapazität.

G. Kugel *

Schlammbeseitigung

Was die landwirtschaftliche Flüssigschlammbeseitigung anbetrifft, die vom Niersverband durchgeführt wird, hat *Triebel* die Technik der Anwendung bereits beschrieben, z. B. auf dem Europäischen Abwasser-Symposium, München 1969 – Lit. [1], [2] –. Ich meine, die technischen Einrichtungen, wie

Tankwagen (19 m³ Inhalt),

Schnellkupplungsrohre für pneumatischen Schlammtransport auf dem Feld,

handbediente Güllewerfer,

dürften hinreichend genug bekannt sein. Einige knappe Umrisse unseres Systems der Abfuhr und Beseitigung werden hier gegeben.

Bild 1: Dieses Diagramm der Schlammbeseitigung in 1970 skizziert die mögliche Beziehung zwischen dem zu beseitigenden Schlamm und der entsprechenden landwirtschaftlichen Fläche, die mit Schlamm beschickt wird, unter Berücksichtigung von Ackerland und Grünland. Die spezifischen Schlammgaben bewegen sich in folgendem Bereich:

2 cm (bei ca. 95% WS) auf Wiesen,

4 cm (bei ca. 93% WS) auf Ackerland.

Diese Jahres-Schlammenge von 276.000 m³ wurde auf einer Fläche von rd. 8 km² verspritzt, davon entfielen 67% auf Ackerland und der Rest auf Wiesen und Weiden. Im Hinblick auf die zuletzt erwähnte Anwendung, die in die Zeit von April bis Juli fiel, wird der Schlamm vor der Abfuhr auf 65–70° C während einer Reaktionszeit von rd. 25 Minuten erhitzt.

Bild 2: Diese Karte zeigt das System der Kläranlagen mit Flüssigschlammabfuhr, ferner des Schlammtransports und der landwirtschaftlichen Verwertung. Der Schwerpunkt liegt bei unserem weltbekannten Gruppenklärwerk I, Mönchengladbach-Neuwerk. 75% der gesamten

---

* G. *Kugel:* Niersverband, Postfach 529, D-406 Viersen, BRD.

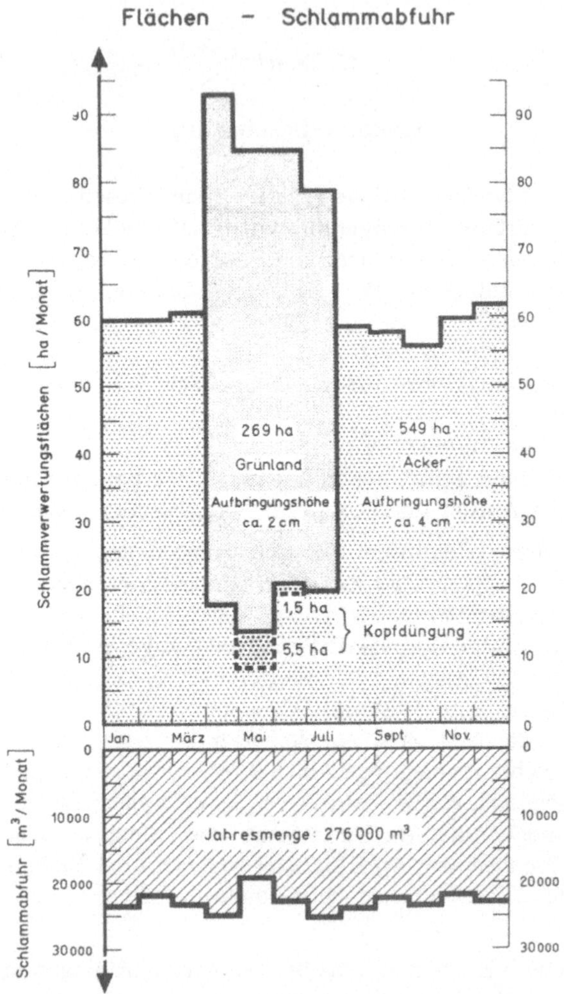

Bild 1: Flüssigschlammbeseitigung 1970
– landwirtschaftliche Fläche und Schlammenge –

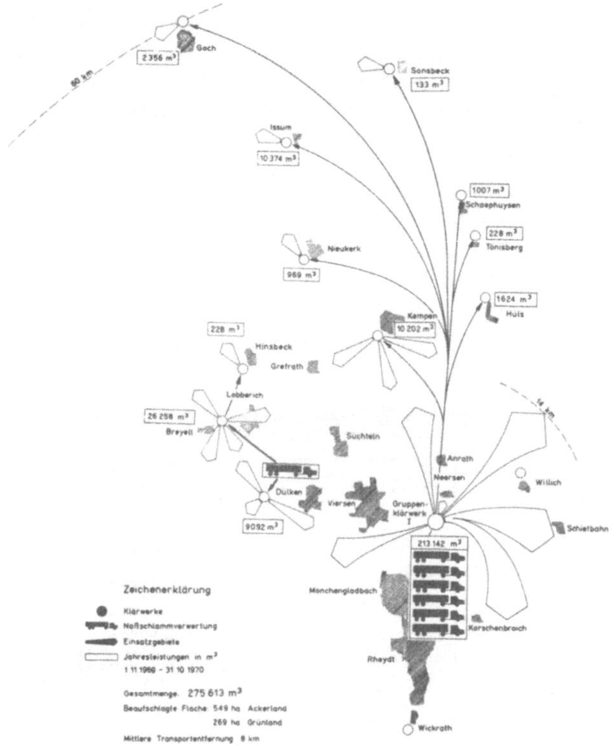

Bild 2: Arbeitsbereich der Tankwagen

Schlammenge fallen dort. an. Die Transportentfernung bewegt sich normalerweise im Bereich zwischen 2 und 14 km, meistens um 8 km. Einige andere kleine Kläranlagen sind bis zu einer Entfernung von 60 km vom Zentrum des Verwertungsgebietes in das Verbundsystem der Schlammbeseitigung einbezogen worden. Der größte Teil der in Anspruch genommenen landwirtschaftlichen Flächen liegt nördlich von Mönchengladbach. Einige Zahlen kennzeichnen die Verhältnisse innerhalb des Arbeitsbereiches von 14 km:

Regen:	706 mm
Boden:	lehmig
landwirtschaftliche Flächen:	60% Acker, 9% Wiesen und Weiden
Größe der Gehöfte:	30–50 ha
Bevölkerung:	500–600 E/m²

Die für die Beseitigung benötigten Flächen bewegten sich im Bereich von nur 2% des Ackerlandes bis 8% des gesamten verfügbaren Weidelandes. Mit Rücksicht auf diese Verhältnisse besteht keine dringende Notwendigkeit, Bauern durch Verträge zu binden. Die Schlammbeseitigung wird Tag für Tag mit größtem Erfolg seit zehn Jahren auf sehr liberale Art und Weise anpassungsfähig vollführt.

Bild 3: Die Beziehung zwischen der Transportkapazität und der Transportentfernung kann bis zu einem Bereich von 30 km aus diesem Diagramm entnommen werden. Die obere Linie bezieht sich auf unseren Standard-Tankwagen (19 m³). Die normale „Totzeit" für Be- und Entladen – jeweils 30 Minuten – ist berücksichtigt. Die Fahrzeuge (mit

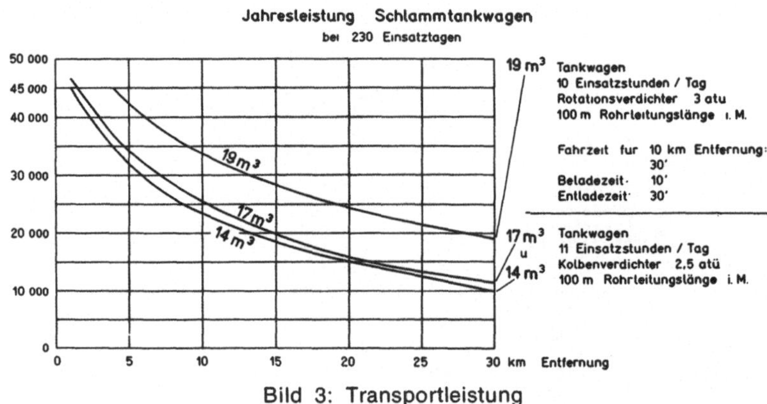

Bild 3: Transportleistung

180 PS-MERCEDES-Zugmaschinen) laufen auf Straßen mit einer Arbeits-geschwindigkeit von 40 km/h. Bei einer mittleren Entfernung von 8 km liegt die gesamte Jahresleistung eines Wagens praktisch bei rd. 30.000–35.00 m³/a.

Bild 4: Wie in diesem Diagramm gezeigt wird, wird die tatsächlich beseitigte Schlammenge durch die Transportkapazität der Tankwagen und nicht durch die handbedienten Spritzeinrichtungen auf dem Feld beschränkt. Mit Rücksicht auf die mit der Entfernung abnehmende Abfuhrleistung wird ein Spritzer wirtschaftlich bedient durch:

2 Tankwagen bei einer Entfernung von mehr als 10 km,

3 Tankwagen bei einer Entfernung von mehr als 30 km.

Bild 5: Die Kosten der Flüssigschlammabfuhr – ohne den Anteil für Pasteurisierung – werden nach den Ergebnissen der Jahre 1968–1970 aufgezeigt. Im Jahr 1970 betrugen sie 2,3 DM/m³. Die Aufteilung auf einige kennzeichnende Kostenelemente ist wie folgt:

Löhne und Gehälter:	58%
Brennstoff:	10%
Unterhaltung, Reparaturen:	10%
Abschreibung, Verzinsung:	16%
Versicherung (Schutzkleidung, Milch):	6%

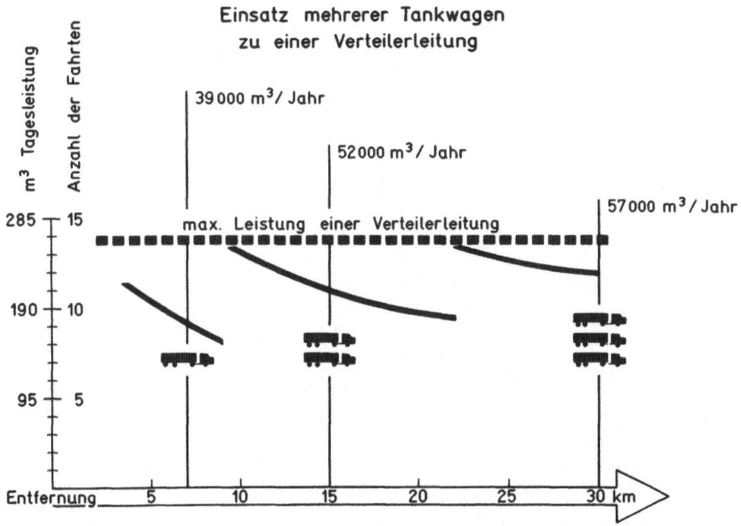

Bild 4: Schlammbeschickung und Transportkapazität

Zusammenfassung: Die verhältnismäßig billige Schlammbeseitigung kann nur auf der Grundlage einer wirksamen und geschickten überörtlichen Organisation, wie die des Niersverbandes, verwirklicht werden. Der Niersverband erfüllt die Anforderungen sowohl des Kläranlagenbetriebes als auch der Bewirtschaftung landwirtschaftlicher Flächen, um einen dauernden Absatz von Flüssigschlamm von großen Kläranlagen sogar in einem Gebiet mit verhältnismäßig starker Bevölkerungsdichte zu erhalten.

173

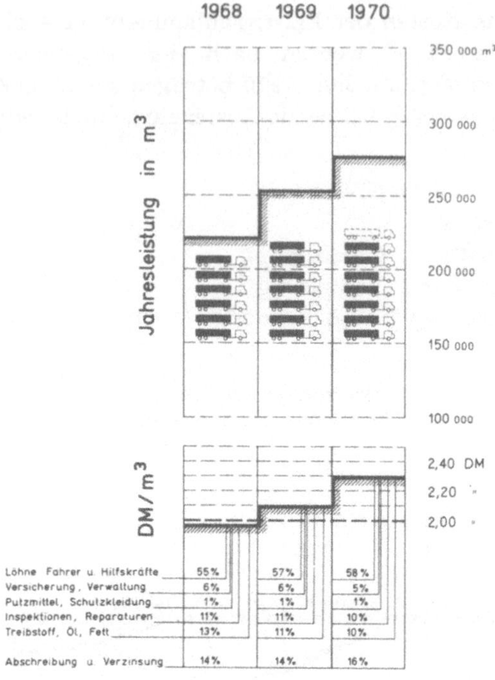

Bild 5: Flüssigschlammbeseitigung 1968–1970
– Menge und Kosten –

Literatur

[1] W. Triebel, Möglichkeit der landwirtschaftlichen Verwertung von Faulschlamm. Europäisches Abwasser-Symposium, München, 1968.

[2] W. Triebel, Lehr- und Handbuch der Abwassertechnik Bd. III. Verlag Ernst & Sohn, München, 1970.

[3] G. Kugel, Technische und wirtschaftliche Erfahrungen zur landwirtschaftlichen Klärschlammverwertung. ATV-Fortbildungskurs II, Essen, 1971.

G. Kugel *

Pasteurisierung von Roh- und Faulschlamm

Im Hinblick auf die hygienischen Belange, die bei der Schlammbeseitigung auf landwirtschaftlichen Flächen zu berücksichtigen sind, wage ich zu sagen, die Pasteurisierung ist keine conditio sine qua non. Aber falls eine große Schlammenge Tag für Tag ohne verfügbaren

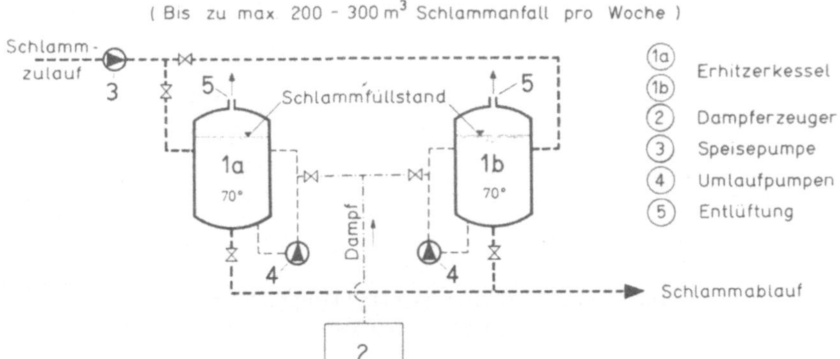

Bild 1: Pasteurisierungsanlage
– diskontinuierlicher Betrieb –

Speicherraum, der für mehrere Monate reichen müßte, beseitigt werden muß, muß der Schlamm pasteurisiert werden, bevor er auf Wiesen und Weiden verspritzt wird. *Triebel* – Lit. [1], [2], [3] – beschrieb bereits einige Einrichtungen für die Wärmebehandlung von Flüssigschlamm bei einer Temperatur von 65–70° C und einer Reaktionszeit von 20–30 Minuten. Heute erlauben die verfügbaren technischen Möglichkeiten ohne Schwierigkeiten eine Pasteurisierung sowohl von Rohschlamm – mit

---

* G. *Kugel:* Niersverband, Postfach 529, D-406 Viersen, BRD.

einer unverzüglich anschließenden Abfuhr – als auch von Faulschlamm.

Bild 1: Dieses Diagramm zeigt die Fließwege des Schlamms sowie die wichtigsten Installationen für diskontinuierlichen Betrieb; die Verdoppelung der Grundeinheiten erlaubt jedoch eine quasi-kontinuierliche Abgabe von Schlamm, wenn verhältnismäßig kleine Mengen zu behandeln sind.

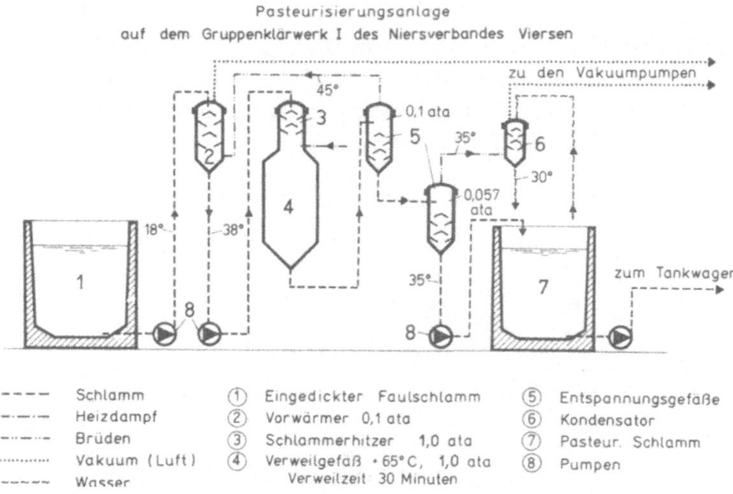

Bild 2: Pasteurisierungsanlage Gruppenklärwerk I
– kontinuierlicher Betrieb –

Bild 2: Das Fließdiagramm der Pasteurisierungseinrichtungen auf unserer größten Kläranlage (700.000 EGW) hat einen kontinuierlichen Prozeß mit zweistufiger Erhitzung (Reaktor Nr. 2 und 4) sowie eine zweistufige Rückkühlung (Reaktor Nr. 5) zur Grundlage. Wegen einer wirtschaftlichen Nutzung der Dampfenergie ist dort eine wirkungsvolle Wärmerückgewinnung zwischen Vorerhitzer und der ersten Nachkühlungsstufe eingebaut. Bei einem Vakuum von 0,1 ata werden die Brüden vom ersten Reaktor Nr. 5 zum Reaktor Nr. 2 zurückgeführt.

In der Pasteurisierungsanlage auf dem Gruppenklärwerk I in Mönchengladbach-Neuwerk werden kontinuierlich 28 m³/h Schlamm durchgesetzt.

Um eine möglichst wirtschaftliche Nutzung der Dampfenergie zu erreichen, braucht man ein Viel-Stufen-System der Wärmerückgewinnung und Vorwärmung; dieses Vorgehen ist umso wirkungsvoller, je größer der Schlammdurchsatz ist. Andererseits gibt es jedoch eine Beschränkung im Hinblick auf die Zuverlässigkeit und Wartung des Systems sowie im Hinblick auf die Kosten der Installation. Bekanntlich

Bild 3: Pasteurisierungsanlage auf dem Gruppenklärwerk
Nette, Niersverband

nimmt die Zuverlässigkeit eines Viel-Stufen-Systems besonders im Falle einer Serienschaltung schnell ab.

Die Systemzuverlässigkeit kann sowohl durch höhere Zuverlässigkeit der einzelnen Elemente als auch durch Redundanz der Elemente und Stufen erreicht werden, d. h. eine Kombination von Serien- und Parallelschaltung.

Beide Methoden der Verbesserung und Redundanz kosten viel Geld. Die gleichen Betrachtungen über die Zuverlässigkeit müssen auch berücksichtigt werden bei anderen Wegen der Schlammbehandlung und -beseitigung, wie z. B. Filtration und Verbrennung.

Bild 3: Die neueste Pasteurisierungsanlage des Niersverbandes wurde auf dem Gruppenklärwerk Nette errichtet und wird mit einem Rohschlammdurchsatz von 10 m³/h belastet.

Die Wärmeprozesse laufen ähnlich dem Schema auf Bild 2 ab, jedoch ohne die zweite Rückkühlungsstufe. Hier wird der warme Schlamm bei einer Temperatur von 40° C in stählerne Stapelbehälter abgelassen, wo die Temperatur weiter bis auf 30–35° C absinken kann.

Nach einer Betriebszeit von 2750 h im Jahr 1970 war die Leistung zufriedenstellend und wird durch einige Zahlen wie folgt gekennzeichnet:

Dampf:	78	kg/m³ Rohschlamm
Brennstoffe:	5,5	l/m³
Betriebskosten:		
Brennstoff, Strom:	0,68	DM/m³
Wasser:	0,07	DM/m³
Chemikalien (Wasseraufbereitung):	0,14	DM/m³
Unterhaltung und Bedienung:	0,49	DM/m³
Reparatur, Inspektion:	0,29	DM/m³
	1,67	DM/m³
Verwaltung (10%)	0,17	DM/m³
Betriebskosten insgesamt:	1,84	DM/m³

Die gesamten Baukosten einschließlich der Vorratsbehälter belaufen sich auf rd. 550.000,– DM im Jahr 1969.

Literatur

[1] W. Triebel, Erfahrungen mit der Schlammpasteurisierung, Technik und Wirtschaftlichkeit. IAM-Informationsblatt Nr. 30, 1961.

[2] W. Triebel, Pasteurisierung der Klärschlämme. 4. IAM-Kongreß, Basel 1969.

[3] W. Triebel, Möglichkeit der landwirtschaftlichen Verwertung von Faulschlamm. Europäisches Abwassersymposium, München 1968.

[4] G. Kugel, Pasteurisierung von Roh- und Faulschlamm. Abwassertagung, ATV Essen 1971.

[5] W. Hofmann, Zuverlässigkeit von Meß-, Steuer-, Regel- und Sicherheitssystemen. Verlag K. Thieme, München 1968.

Carmen F. Guarino *

Die Ableitung von Klärschlamm ins Meer

Die Ableitung von Klärschlamm ins Meer erregt allgemeine Besorgnis. Über die zunehmende Verschmutzung der Meere wurde vielfach berichtet. Es ist nötig, diese zu unterbinden. Das President's Environmental Quality Council, die Environmental Protection Agency, sowie der United States Congress haben sich diesbezüglich besorgt gezeigt, desgleichen viele der öffentlichen Behörden. Eine große Anzahl von Körperschaften wie auch einzelner Personen haben sich gegen die Ableitung von Klärschlamm ins Meer ausgesprochen.

Der ausgefaulte Klärschlamm der Stadt Philadelphia wird seit 1961 an einer Stelle 21 Kilometer (11 Seemeilen) von Cape May, New Jersey und Cape Henlopen, Delaware ins Meer abgeleitet.

Der Entschluß Klärschlamm per Schiff ins Meer hinauszubefördern geht auf eine Reihe gründlicher Untersuchungen zurück, die von den beratenden Ingenieuren Greeley und Hansen in Zusammenarbeit mit dem Philadelphia Water Department angestellt wurden. Von den 14 berücksichtigten Methoden war die Ableitung von Klärschlamm ins Meer die vorteilhafteste und ökonomischste. Der Abladeplatz im Meer wurde mit Rücksicht auf die Strömungen gewählt, die die Verdünnung des Klärschlammes begünstigen sollen. Außerdem wurde eine relativ tiefe Stelle gewählt, die für den Muschelfang von nicht allzugroßer Bedeutung ist.

Seit 1961 wurden jährlich 265.00 m³ (70 Mill. gal.) Klärschlamm mit einem Feststoffgehalt 6–11% ins Meer abgeleitet. Der jetzige Vertrag ermöglicht im Jahr 447.000 m³ (118 Mill. gal.) ins Meer abzuleiten. Dies beinhaltet die gesamte Menge behandelten Klärschlammes, die von drei Kläranlagen in Philadelphia herrühren, somit aus der Reinigung von 1,703.000 m³ Abwasser pro Tag (465 Mill. gal.). In der

---

* ·Carmen F. *Guarino:* City of Philadelphia, Water Department, 1160 Municipal Services Building, Philadelphia/Pa. 19107, USA.

angeführten Tabelle sind die durch den Schlammtransport erwachsenen Kosten für die Stadt Philadelphia ersichtlich.

Kosten der Schlammabfuhr in Philadelphia

Jahr	Feststoff-gehalt %	Schlammabfuhr in 1000 m³			Kosten in $	
		Nordost	Südwest	Gesamt	pro m³	pro tTS
1961	6,2	106	–	106	1,56	25,25
1962	6,4	136	–	136	1,69	26,60
1963	5,9	162	–	162	1,24	20,95
1964	7,2	163	–	163	1,66	23,15
1965	9,5	163	–	163	0,99	10,39
1966	8,6	108	127	235	0,99	11,47
1967	9,8	183	174	357	0,99	10,09
1968	9,7	203	143	346	0,84	8,62
1969	9,2	268	136	404	0,84	9,10
1970	10,8	223	140	363	1,05	9,72

(Seit 1965 berücksichtigt der hier angeführte Feststoffgehalt beide Anlagen.)

Die höheren Kosten pro Tonne Trockengewicht in den früheren Jahren waren auf kleineres Schlammvolumen, auf kürzere Vertragsperioden und auf unzulängliche Arbeitsmethoden beim Abladen am Abladeplatz zurückzuführen. Was das Abladen des Klärschlammes betrifft, verwendete der erste Unternehmer eine Grobstoffpumpe zum Entleeren des Schiffs. Diese Methode nahm 6 Stunden in Anspruch, sofern keine Verstopfungsprobleme auftraten. Die weiteren Unternehmer, die Schiffe mit Bodenablaß verwendeten, konnten dieselbe Arbeit in ¹/₂ Stunde oder ¹/₁₂ der ursprünglichen Zeit verrichten. Die verkürzte Abladezeit, zusammen mit den größeren Schlammengen sowie dem Beginn von Dreijahres-Verträgen mit den Abfuhrunternehmern führten zu einer wesentlichen Verringerung der Abfuhrkosten.

Die gesamten Kosten für die Schlammbehandlung können geschätzt werden, indem man 0,26 $/m³ (1,00 $/1000 Gal.) für die Ausfaulung einschließlich Pumpen und Behandlung in Schlammteichen zu den Transportkosten hinzufügt.

In Philadelphia umfaßt das Programm für die Schlamm-Behandlung und -abfuhr alle drei Kläranlagen, und zwar Nordost (66.300 m³ Abwasser/d), Südost (520.000 m³/d) und Südwest (520.000 m³/d).

Bei der Anlage Nordost (mechanische und biologische Abwasserreinigung) wird der Primärschlamm gemeinsam mit dem Überschußschlamm ausgefault, in Schlammteichen gestapelt und in einer 25 cm ⌀ Rohrleitung zum Schiff gepumpt. Dieses wird über eine Entfernung von 204 km (110 Seemeilen) zur Abladestelle geschleppt.

In den beiden südlichen Kläranlagen von Philadelphia wird das Abwasser mechanisch gereinigt. Der Primärschlamm der Anlage Südost wird über 8 km (5 Meilen) der Anlage Südwest zugeleitet. Der Primärschlamm beider Anlagen wird dann gemeinsam ausgefault und aufs Schiff gepumpt. Die Schleppstrecke zwischen dem südwestlichen Ladeplatz und der Abladestelle beträgt ca. 185 km (100 Seemeilen).

In den letzten 10 Jahren hat sich in der Praxis der Abtransport von Schlamm per Schiff als wirtschaftlich und technisch günstig erwiesen. In den letzten 1½ Jahren wurde die ökologische Wirksamkeit des Verfahrens überprüft. Auf Grund der Beunruhigung seitens der Einwohner, einer Anzahl von Gesellschaften und von Regierungskreisen hat Philadelphia mit den Franklin Institute Laboratories und dem Jefferson Medical College Laboratories einen Vertrag für die Untersuchung von Meerwasser abgeschlossen, sowie von Sedimentproben an der Abladestelle, um festzustellen, ob eine schädliche Wirkung zu verzeichnen ist. Diese Untersuchungen laufen seit Jänner 1971 und sollen bis Dezember 1971 beendet sein. Ergebnisse zur Halbzeit der Untersuchungsperiode werden hier zusammengefaßt:

1. Die Sedimentproben, die dem Zentrum des Abladeplatzes und der unmittelbaren Umgebung des Abladeplatzes (auch an seichten Stellen) entnommen wurden, bestehen aus reinem Sand und Kies und Muschelfragmenten.

2. In keiner der Sedimentproben, konnten schwarzer Schlamm oder H_2S Geruch nachgewiesen werden.

3. In der Mitte des Ablagerungsplatzes wurden Seesterne, Einsiedlerkrebse, Schnecken und eine Art Seeigel bei bester Gesundheit vorgefunden.

4. Unter den Fischarten, die an der Ablagerungsstelle gefangen wurden, befanden sich: Schollen, Makrelen, Dornhaie und andere.

5. Sauerstoffmessungen am Grund, in mittlerer Tiefe und unter der Wasseroberfläche an verschiedenen Stellen des Ablagerungsplatzes ließen keinen Sauerstoffmangel erkennen.

6. Der Nachweis von Bacteri Coli im Grundschlamm sowie im Oberflächengewässer blieb negativ.

7. Tierarten, Tidewasser und die Sedimentproben von verschiedenen Entnahmestellen in und um den Abladeplatz wurden auf das Vorhandensein von Krankheitserregern wie Salmonellen, Shigella, Enteroviren, Polioviren, Echoviren etc. untersucht. Alle Ergebnisse waren negativ.

8. In Muscheln und in der anderen vertretenen Makrofauna, die in der Umgebung aufgesammelt wurden, konnten keine Anzeichen einer Konzentration von Schwermetallen verzeichnet werden.

Zusammenfassend kann festgestellt werden, daß sich auf Grund der bis jetzt vorliegenden Ergebnisse die Ablagerungsstelle in keiner Weise von den vom Ufer entfernten Stellen unterscheidet. Trotz dieses Berichtes scheint es, daß wir verpflichtet sein werden den Klärschlamm jenseits des Kontinentalriffes abzulagern. Da die Schifftransportkosten in direktem Zusammenhang mit der zurückgelegten Strecke stehen, würde diese Forderung seitens der Regierung die Schifftransport- und Reinigungskosten wesentlich erhöhen. Abschließend ist die Stadt Philadelphia – gestützt auf die Untersuchungsergebnisse nach 10 Jahren – der Meinung, daß dem Meer kein Schaden erwachsen ist, was dieser Methode der Schlammbeseitigung Berechtigung verleiht.

J. F. Andrews *

Steuerungssysteme für Klärungsanlagen

Einführung

Der Betrieb einer Kläranlage bedarf häufig einer sachkundigeren Führung als es bei einem industriellen Prozeß notwendig ist, da große zeitliche Schwankungen in Menge und Zusammensetzung des Abwassers vorkommen. Wenn man jedoch Kläranlagen mit Anlagen für industrielle Verfahren vergleicht, so sind sie in bezug auf die Betriebsführung meist in einem primitiven Zustande. Offenkundige Fehlschläge, wie z. B. eine Blähschlammbildung oder das Sauerwerden von Faulräumen, kommen recht häufig vor. Wesentliche Änderungen des Wirkungsgrades von Anlagen sind keine Seltenheit, und zwar nicht nur bei verschiedenen Anlagen, sondern bei ein- und derselben Anlage von Tag zu Tag und von Stunde zu Stunde. Es ist nicht ungewöhnlich, daß der Wirkungsgrad des BSBs – Abbaues zwischen 60% und 95% schwankt. Thoman [1] hat anhand der statistisch ausgewerteten Ablaufqualität von acht Anlagen gezeigt, daß solche Schwankungen eine deutliche Auswirkung auf die Wassergüte des Vorfluters haben können.

Das Aufrechterhalten eines hohen Wirkungsgrades einer Anlage durch verbesserten Betrieb in der Nähe des erzielbaren Höchstwertes könnte einen deutlichen Rückgang der in unsere Gewässer eingebrachten Schmutzfracht ergeben. Betrachten wir z. B. eine Anlage mit einem größtmöglichen Wirkungsgrad des BSBs – Abbaues von 95%, Schwankungen zwischen 80% und 95% und einem Mittelwert von 87,5%. Wenn nun durch einen verbesserten Betrieb der Schwankungsbereich zwischen 90% und 95%, mit einem Mittelwert von 92,5%, gehalten werden kann, so käme diese Verbesserung einer Verminderung der abgestoßenen Schmutzfracht um 40% gleich, ohne eine Erhöhung des

---

* J. F. *Andrews:* Environmental Systems Engineering, Clemson University, Clemson, S. C. USA.

größtmöglichen Wirkungsgrades der Anlage. Die tatsächliche Vorfluterbelastung durch Kläranlagenabläufe kann sogar noch größere prozentmäßige Reduktionen erreichen, wie dies West [2] von einer Belebungsanlage mit 80.000 m³/d berichtet. Ohne an der Anlage Wesentliches zu ändern, konnte der Ablauf-BSB_5 von 40 mg/l auf 9 mg/l gesenkt werden. Dies bedeutet einen Rückgang der Belastung des Vorfluters um 78%.

Ein anderer Punkt, der durch einen verbesserten Betrieb einer Kläranlage ohne wesentliche Abänderung dieser erreicht werden kann, liegt in einer erhöhten spezifischen Beschickung der Anlage. Es sind Fälle gekannt, wo Betriebsleiter durch eine Änderung des Betriebsablaufes die Leistungsfähigkeit der Anlage weit über den geplanten Wert hinaus steigern konnten. Gould [3] konnte die Kapazität seiner Anlage durch eine Verteilung der Abwasserzufuhr entlang des Belebungsbekkens verdoppeln. Ein anderes Beispiel der gesteigerten Ausnutzung kann der Arbeit von Torpey [4] entnommen werden. Er konnte die Belastung eines Faulraumes dadurch verdreifachen, daß er den Schlamm vor der Beschickung eindickte. Sowohl Gould's als auch Torpey's Ideen sind von planenden Ingenieuren anerkannt worden und gehören heute zu den wesentlichen Betriebsweisen auf verschiedenen Anlagen.

Ein verbesserter Betrieb von Abwasserreinigungsanlagen kann durch die Erhöhung der Zahl als auch die Verbesserung des Ausbildungsgrades der auf Kläranlagen Beschäftigten erzielt werden. Ein anderer Weg kann mit die Einführung von Regelungsverfahren eingeschlagen werden, wie sie heutzutage in der industriellen Verfahrenstechnik Allgemeingut sind. Die mit dem Personal zusammenhängenden Fragen sind bekannt; sie wurden für die USA im Senate Document Nr. 49 [5] zusammengefaßt. Die Möglichkeit, den Betrieb durch Anwendung moderner Steuerungssysteme zu verbessern, ist noch nicht allgemein bekannt. Die vorliegende Arbeit hat die Vermittlung der auf Kläranlagen anwendbaren Regelungsverfahren zum Ziele.

Die Entwicklung der Prozeßsteuerung

Viel vom Inhalt dieses Abschnittes stammt aus dem Buche von Lee, Adams und Gaines [6]; das sei an dieser Stelle dankbar vermerkt. Für eine ausführlichere Darstellung konventioneller Steuerungssysteme, wie sie auf Abwasserreinigungsanlagen verwendet werden, sei der Leser auf die Darstellung von Austin [7] und Bacock [8] verwiesen. Es ist hervorzuheben, daß das für eine Anlage ausgewählte Steuerungssystem den gegebenen Bedingungen entsprechen muß. Sinnlos wäre es zum Beispiel, ein kompliziertes Steuerungssystem zu verwenden, wenn die notwendige Wartung dieses Anlageteiles durch sachkundige Betriebsingenieure nicht gewährleistet werden kann. Komplizierte Regelungseinrichtungen, z. B. Steuerungen durch digitale Rechenanlagen, können ausschließlich nur dann zum Einsatz gelangen, wenn fachkundige, jederzeit einsatzbereite Ingenieure zur Verfügung stehen.

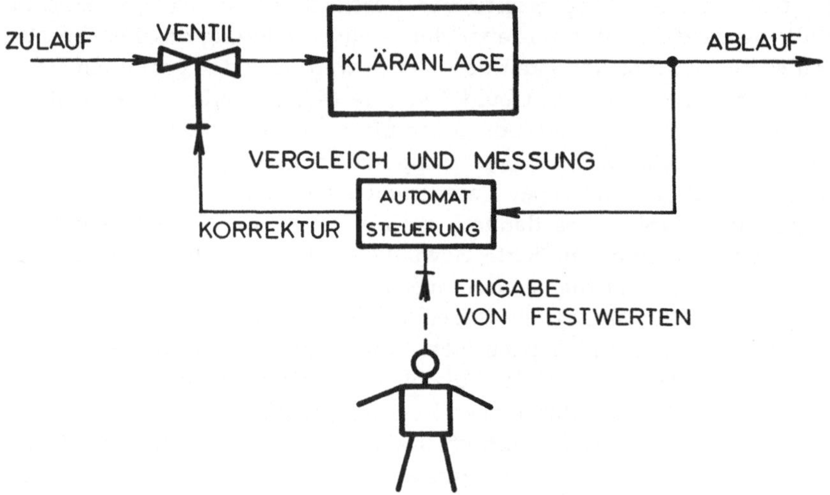

Abb. 1: Steuerung von Hand aus

Manuelle Steuerung

Bei dieser Art der Steuerung gebraucht der Betriebsleiter seine Sinnesorgane, um den Zustand der Anlage zu erkennen oder die Güte des Ablaufes zu prüfen. Alle Abweichungen von den erwünschten Betriebsbedingungen werden durch Änderung der steuerbaren Parameter korrigiert. Hierauf wird die Auswirkung der Korrektur beobachtet; weitere Einstellungen werden solange vorgenommen, bis der Prozeß ordnungsgemäß abläuft. Der Klärmeister kennt den Zustand der Anlage als auch die Schritte, die zu einem ordnungsgemäßen Betrieb unternommen werden müssen; er stellt somit vollständig die zur Regelung des Betriebes notwendige Rückkoppelung dar. Eine gute Prozeßfüh-

186

rung ist daher eine Kunst, die von der Intelligenz und dem Talent des Mannes abhängt. Die Steuerung vieler Kläranlagen ist bis heute nicht über diese Entwicklungsstufe hinaus gediehen.

Steuerung mit Hilfe von Anzeige- und Registriergeräten

Der erste Teil des Rückkoppelungskreislaufes, der automatisiert wurde, war die Beobachtung. Die menschlichen Sinnesorgane wurden dabei durch Anzeigegeräte ersetzt. (Siehe Abb. 2). Dazu traten noch Registriergeräte zum Festhalten der Daten. Diese Geräte dienen dem

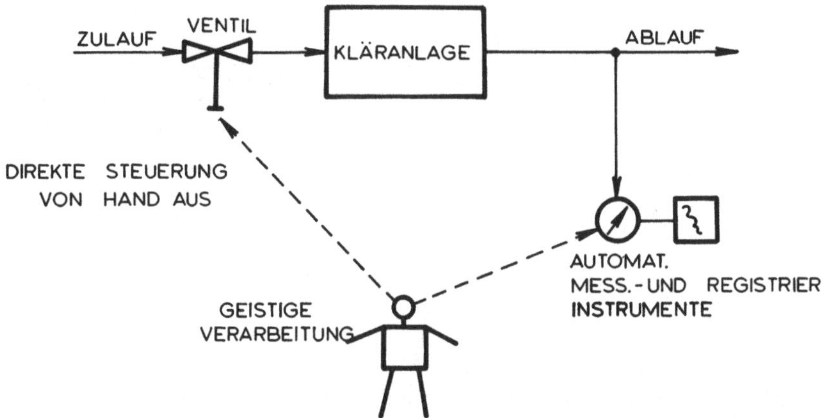

Abb. 2: Steuerung der Anlage mit Hilfe von Meß- und Registrierinstrumenten

Betriebsleiter als Hilfe; nach wie vor liegt jedoch noch das Erkennen und das Treffen von Entscheidungen zum sicheren Betrieb der Anlage beim Klärmeister.

Anzeigegeräte sind ein wesentlicher Teil des Rückkoppelungskreislaufes. Für die Messung von Temperatur, Druck und Zuflußmenge sind verläßliche und genaue Meßgeräte verfügbar. Für die meisten biologischen Messungen, viele der chemischen Meßdaten und einige physikalische Größen, die zur Steuerung von Anlagen benötigt würden, sind die für eine kontinuierliche Regelung notwendigen Instrumente nach wie vor in Entwicklung begriffen. Aus diesem Grunde ist die Anwendung der konventionellen Steuerung von Kläranlagen stark eingeschränkt.

Lokale automatische Steuerung

Der nächste Schritt in der Weiterentwicklung der Steuerung wurde mit dem automatischen Steuerungssystem (Abb. 3) getan. Dieser Schritt befreite den Betriebsleiter von der ständigen Teilnahme am Rückkoppelungskreis. Diese Steuereinheiten erlauben die Auswahl und Vorwahl von Werten für Prozeßparameter (set points). Die gewählten

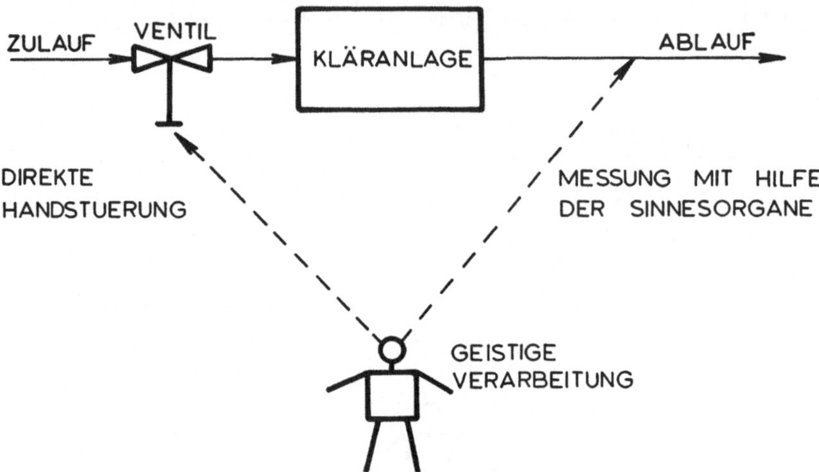

Abb. 3: Steuerung mit Hilfe von örtlichen automatischen Steuersystemen

Werte und die tatsächlichen Werte der Parameter werden stets miteinander verglichen, um die tatsächlichen Werte möglichst nahe an den gewählten Größen zu halten. Aber auch hier muß der Betriebsleiter, zumindest zeitweise, in die Steuerung eingreifen, da er ja die „set points" der Parameter zu bestimmen hat. Dazu dienen ihm seine Erfahrung und seine Urteilskraft.

Automatische Regler sind mit den verschiedensten Steuerungseigenschaften („Algorithmen") erhältlich:

1. Ein-/Aus- („On-/Off-") Regelungen: Bei dieser Art der Regelung ist der zu regelnde Mechanismus entweder geöffnet oder geschlossen, abhängig davon, ob die zu regelnde Größe über ein bestimmtes Maß von einem bestimmten Wert (set point) abweicht oder nicht.

2. Proportional-Regelung: Bei dieser Art der Regelung ist die Beeinflussung des zu regelnden Mechanismus proportional der Differenz (Fehlersignal) zwischen gemessenem und eingestelltem Wert.

3. Integral-Regelung: Bei dieser Art der Regelung erfolgt die Beeinflussung des zu regelnden Mechanismus proportional dem Integral des Fehlersignales über der Zeit; der Mechanismus bleibt so lange beeinflußt, als das Fehlersignal bestehen bleibt.

4. Differential-Regelung: Bei dieser Art der Regelung wird der Mechanismus proportinal zur Ableitung des Fehlersignales nach der Zeit beeinflußt. In diesem Falle wird also mit der Änderungsgeschwindigkeit des Fehlersignales geregelt.

Eine Kombination aus Proportional-, Integral- und Differentialregler ist unter der Bezeichnung „PID-Regler" bekannt.

Probleme, die sich aus der Verwendung von lokalen automatischen Reglern ergeben, sind: a) die Bestimmung geeigneter Betriebsgrößen (set points), b) die mangelnde Einsicht in die Wechselbeziehungen verschiedener Parameter (z. B. beeinflußt eine Änderung der Rücklaufschlammenge nicht nur die Trockensubstanz im Becken).

Die zentralisierte automatische Steuerung

Lokale automatische Regler befinden sich in der unmittelbaren Nachbarschaft von Prozessen, die sie steuern sollen. Wenn deren Zahl steigt, so wird ihre Wartung und die Einstellung von Betriebsgrößen immer schwieriger. Die Lösung des Problemes stellt die Errichtung einer zentralen Steuerwarte dar (Abb. 4). In diesem sind alle Regler vereinigt und in einem Schaltschema sowohl an der Wand als auch an einem Tische vereinigt. Durch eine solche Anordnung wird der Betriebsleiter im Betriebsablauf beim Erkennen von Meßwerten unterstützt. Dies erlaubt es ihm, Zusammenhänge zwischen Parametern rascher zu erkennen und somit ein schnelleres Handeln zu ermöglichen.

Heutzutage haben schon viele Kläranlagen zentralisierte Steuerwarten mit Schaltschemata. Viele der auf diesen Tafeln aufgezeigten Punkte sind jedoch nicht automatisch gesteuert und benötigen daher eine Einstellung von Hand durch den Klärmeister.

Die Steuerung des Reinigungsverfahrens durch Prozeßrechner

In den Vereinigten Staaten waren im Juni 1968 1700 Prozeßrechner für verschiedene Anwendungen in Industriebetrieben im Einsatz

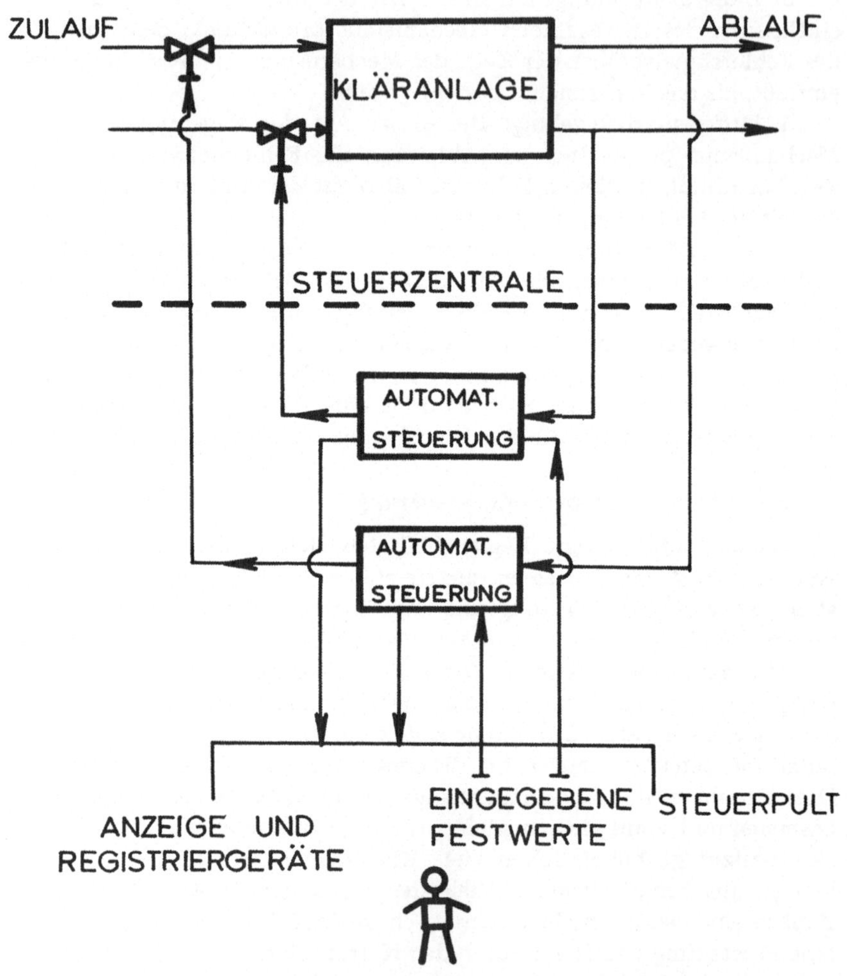

Abb. 4: Steuerung durch zentrale automatische Steueranlagen

190

oder bestellt; Schätzungen für 1975 [9] belaufen sich auf 5900 Rechenanlagen. Zur Zeit wird eingehend überlegt, inwieweit Prozeßrechner zur Steuerung von Abwasserreinigungsanlagen verwendet werden können. Ein Bericht über die Zweckmäßigkeit des Einsatzes von digitalen Rechenanlagen zur Steuerung von Abwasserreinigungsanlagen wurde von der „American Public Works Association" im Jahre 1970 herausgegeben [10]. Der Verfasser der vorliegenden Abhandlung weiß von 12 Kläranlagen in verschiedenen Ländern der Erde, auf denen Prozeßrechner im Einsatz stehen oder wo deren Einsatz geplant ist. Mitteilungen über verschiedene dieser Anlagen erfolgen auf der jetzigen Arbeitstagung. In der vorliegenden Arbeit kann nur ein kurzer Abriß über die Prozeßsteuerung durch digitale Rechenanlagen gegeben werden. Für ein eingehenderes Studium wird der Leser auf die Bücher von Lee et al. [6] und Savas [11] verwiesen.

Die Anwendung von digitalen Rechenanlagen zur Kontrolle und Steuerung von Prozessen kann sich von der Aufzeichnung und Auswertung von Daten über die Überwachung der Anlage hin bis zu einer optimalen Regelung erstrecken. In der vorliegenden Arbeit werden nur die Datenverarbeitung und Prozeßüberwachung auf der einen Seite sowie die optimale Regelung auf der anderen Seite als die beiden Extremfälle behandelt. Die meisten Prozeßrechenanlagen in der Industrie liegen in ihrem Einsatz irgendwo zwischen diesen beiden Extremfällen. Anlagen, die auf Abwasserreinigungsanlagen zur Anwendung kommen sollten, sind von Einrichtungen zur Datenerfassung und Kläranlagenüberwachung hin bis zur Programmierung des Computers auf überkommenen Regelungsverfahren der „Aus-Ein" oder der „PID" Regelung bisher vorgesehen.

Wenn digitale Rechenanlagen zur Prozeßsteuerung eingesetzt werden, so besteht ein wesentlicher Vorteil der Rechenanlagen darin, daß veränderte Regelungsverfahren ganz einfach durch eine Abänderung des Programmes (Änderung der soft-ware) erreicht werden können. Bei überkommenen Steuerungseinrichtungen müssen alle diese umgeändert werden (Austausch der hard-ware). Nach verschiedenen Schätzungen dürfte der Austausch der „hard-ware" wesentlich teurer kommen. Ein anderer Vorteil, der mit dem Einsatz von Rechenanlagen im Zusammenhange steht, liegt in der leichten Verknüpfbarkeit der verschiedenen, voneinander abhängigen Meß- und Regelgrößen.

Zukünftige Benutzer von digitalen Rechenanlagen sollten sich jedoch bewußt sein, daß – unter Berücksichtigung des großen Anwendungsspielraumes, der solchen Geräten bei zweckmäßigem Einsatze innewohnt – die Anpassung eines Rechners an ein Verfahren der Verfahrenstechnik eine sehr schwere und zeitaufwendige Tätigkeit darstellt. Ein sehr großer Arbeitseinsatz ist notwendig um Prozeßrechner in Betrieb zu setzen; es wurde mitgeteilt [9], daß die Einführung von Prozeßrechenanlagen in der Industrie von 2 bis 21 Mann-Jahren erforderte! Baily [12] hat sich mit einigen Gesichtspunkten der Anpassung von digitalen Rechenanlagen an Verfahren (als auch umgekehrt) in Industriebetrieben beschäftigt. Es kann damit gerechnet werden, daß ein beachtliches Ausmaß an Entwicklungstätigkeit bis zum betriebsreifen und voll ausgenutzten Einsatz von Computern auf Kläranlagen erforderlich sein wird; dies hängt damit zusammen, daß die die Abwasserreinigungsverfahren bestimmenden Vorgänge vielfältig sind und ihr zeitlicher Ablauf noch lange nicht vollständig geklärt ist. Das Fehlen von verläßlichen, direkt mit der Anlage (on-line) in Verbindung stehenden Meßgeräten für viele wichtige Kennwerte, z. B. organischen Kohlenstoff, Ammoniak, etc., wirft ein weiteres Problem auf, dessen Lösung schwierig ist. Dieser Punkt sollte jedoch nicht überbewertet werden, da den meisten Vorgängen der Abwasserreinigung eine Eigenträgheit innewohnt, und aus diesem Grunde im allgemeinen genügend Zeit für die chemischen Analysen im Labor zur Verfügung steht. Die ermittelten Werte können dem Rechner eingegeben werden, und die zu ergreifende Regeltätigkeit folgt daraus.

Die Datenauswertung und die Überwachung der Kläranlage

Diese Stufe ist dadurch gekennzeichnet, daß der Mensch nach wie vor noch in die Kette der Koppelung einbezogen ist. Die Rechenanlage sammelt Meßwerte, verwandelt diese in eine verständliche Form und stellt sie dem Klärmeister zur Verfügung. Der Klärmeister richtet, so erforderlich, seine Steuergeräte auf neue Werte aus. Ein solcher Schritt wird, auch wenn die Rechenanlage in Zukunft auf das Herausnehmen des Menschen aus dem Regelkreise ausgerichtet sein sollte, stets ausgeführt werden. Ein Vorteil der digitalen Regelung besteht darin, daß der Ausbau schrittweise erfolgen kann.

Die Ausführung der folgenden Arbeitsschritte ist für digitale Rechenanlagen typisch:

1. Abtasten der Meß- und Registriergeräte in regelmäßigen Intervallen; Überprüfung der Funktionstüchtigkeit der Meßinstrumente so-

wie die Umwandlung der Meßwerte in brauchbare und verständliche Größen.

2. Umwandlung der Meßwerte über den Prozeß in Unterlagen, die dem Betriebsleiter verständlich sind – z. B. das Glätten von Meßwerten oder Legen von Kurven in die Meßgrößen, die Integration, Differentiation oder Statistische Analysen.

3. Überwachen und Anzeigen des Betriebszustandes der maschinellen Einrichtung. Als Beispiel: Der Rechner kann die Ein-/Aus-Zustände von Pumpen, Klappen, Motoren oder Kompressoren überwachen; er kann zur Kontrolle der Temperatur bei Lagern und zur Überwachung von Schwingungen der Motore und Kompressoren dienen.

4. Vergleich der Meßdaten mit früher erzielten oder zulässigen Grenzwerten (sowohl obere als auch untere), und, falls erforderlich, Alarmschlagen.

5. Erstellung von Betriebsberichten und zugeordneten graphischen Darstellungen für den Klärmeister. Dies kann in Tabellenform und als graphische Darstellung des zeitlichen Verlaufes auf Papier oder einem Fernsehschirm erfolgen.

6. Auf Verlangen des Betriebsleiters kann diesem eine Betriebsanleitung zur Verfügung gestellt werden. Beispiel: Anleitungen, was im Falle eines Versagens des Verfahrens unternommen werden soll.

7. Weitergabe von Meßwerten an andere Rechenanlagen; Weitergabe von Betriebsberichten in Kurzform an höhere Betriebsränge.

Optimale Regelung

Diese Art der Regelung ist bei den meisten Anlagen noch nicht erreicht, doch fast allen Betreibern von Anlagen schwebt dieses als Endzweck vor. Bei dieser Art der Steuerung ist der Mensch aus der Koppelung Klärvorgang- Rechner-Klärvorgang herausgenommen, und der Rechner kontrolliert und regelt den Kläranlagenbetrieb nach ihm vorgegebenen Regeln. So muß dem Prozeßrechner unbedingt auch gesagt werden, was der Ausdruck „optimal" eigentlich für ihn zu bedeuten habe. „Optimal" auf Kläranlagen kann z. B. die Erzielung der geringsten Reinigungskosten unter der Voraussetzung, daß der Ablauf-BSB$_5$ 20 mg/l nicht übersteigt, bedeuten. Die Rechenanlage würde alle maßgebenden Faktoren, die den Reinigungsvorgang bestimmen (und als solche der Rechenanlage vom Menschen natürlich bekanntgegeben worden sein müssen), in Betracht ziehen, sich die notwendigen Verfahrenszustände errechnen, die Abweichungen der bestehenden von den errechneten erfassen und die notwendige Änderung der Verfahrenszustände in Gang setzen.

Regelungseinrichtungen mit vielen Anzeigen können weggelassen werden, wenn die den Reinigungsprozeß bestimmenden Faktoren direkt von der Rechenanlage gesteuert werden. Diese Verfahrensweise wird „Direkte Digitale Steuerung (Direct Digital Control = DDC)" genannt. Sie ist von Vorteil, wenn eine sehr große Anzahl von Parametern geregelt werden müssen; durch eine solche Betriebsweise kann eine beträchtliche Menge an Baukosten, die für viele Anzeige- und Steuerungsgeräte konventioneller Bauart notwendig geworden wäre, erspart werden.

Eine Regelung nach dem Prinzip der Vorwärtskoppelung kann vorgesehen werden. Eine solche Steuerung nach dem Prinzip der Vorwärtskoppelung (feedforward control) erfordert jedoch ein in der Rechenanlage gespeichertes mathematisches Modell. Das den zeitlichen Ablauf der Prozeßvorgänge (dynamic behavior) berücksichtigt. Auf diese Art und Weise kann ein Ausfall des Reinigungsverfahrens sehr günstig vermieden werden. Notwendige Unterlagen für die Vorwärtskoppelung werden aus der Messung des Kläranlagezulaufes erhalten. Einige Elemente der Rückkoppelung, die auf Meßwerten des Kläranlagenablaufes beruhen, sind normalerweise in eine solche Art der Vorwärtsregelung einbezogen; dies deshalb, weil die verwendeten dynamischen mathematischen Modelle nicht alle möglichen Betriebszustände im Vornehinein enthalten können.

Für die Verfahren der Regelung durch Rückkoppelung ist dem Rechner eigentlich sehr wenig über das Reinigungsverfahren mitzuteilen; dabei ist jedoch zu beachten, daß der Zeitraum zwischen der Änderung (oder einer Störung) eines Betriebszustandes und dem Zeitpunkt, zu dem die den Prozeß ins Gleichgewicht bringenden Tätigkeiten begonnen werden, übermäßig groß ist. Dieser Nachteil des großen Zeitverlustes kann durch Anwendung einer Vorwärtsregelung beseitigt werden; der Vorwärtskoppelung ist jedoch der umfangreiche Programmieraufwand und die fehlende Kenntnis der Zusammenhänge auf einer Abwasserreinigungsanlage, die eine spezifische Art von Abwasser zu reinigen hat, zu eigen. Die ersten Programme, die zur Steuerung von Kläranlagen eingesetzt werden, müssen ohne Zweifel zunächst nach dem Prinzip der Rückkoppelung arbeiten. Sobald jedoch das zeitliche Verhalten unter den verschiedensten Betriebszuständen bekannt ist, kann auf die Vorwärtsregelung übergegangen werden.

194

Die wirtschaftliche Seite

Es kann die Frage aufgeworfen werden, ob sich der Einsatz von Prozeßrechnern und von sehr hoch qualifiziertem Personal auf Kläranlagen wirtschaftlich überhaupt lohnt. Smith [13] hat sich mit dieser Frage befaßt. Er errechnete den Geldbetrag, der zur Entfernung einer zusätzlichen BSB5-Einheit durch einen verbesserten Betrieb benötigt würde, anhand der Tatsache, daß die Einheitskosten bei verbesserten Betriebsweise und gleichem BSB5-Abbau bis zur selben Abbaugrenze dieselben seien wie bei überkommenen Betriebsweisen. Seine Überlegungen ergaben, daß eine Verbesserung der Betriebsbedingungen und damit des Betriebes durch vermehrte Regelung wirtschaftlich gerechtfertigt seien. Er stellte weiterhin fest, daß seine Überlegungen auf der günstigsten Seite lägen, da Kostenverminderungen auf den Gebieten der Kläranlagennutzung, der Betriebsmittel und der Arbeitskräfte nicht berücksichtigt seien.

Ein anderer Hinweis über die Zweckmäßigkeit des Einsatzes von Prozeßrechnern auf Abwasserreinigungsanlagen kann in einem Vergleich mit der Anwendung von Rechenanlagen in verschiedenen Betrieben der Verfahrenstechnik gesehen werden. Silva [14] hat darauf hingewiesen, daß im Jahre 1968 in Betrieben der chemischen und Erdöl verarbeitenden Industrie 12 Prozent der Investitionskosten auf Steuerungseinrichtungen entfielen. Zum Vergleich: Smith [13] schätzte, daß im Jahre 1968 nur 1,0 bis 1,5 Prozent der gesamten Baukosten von Abwasserreinigungsanlagen den Zwecken der Überwachung und Regelung dienten. Die Verantwortlichen in der chemischen und Erdöl verarbeitenden Industrie sind anscheinend der Ansicht, daß eine so hohe Summe für Steuerungseinrichtungen sich lohne.

Warum sollte denn dann nicht auch mehr für die Steuerung von Abwasserreinigungsanlagen investiert werden?

References

[1] R. V. Thoman, „Variability of waste treatment plant performance", *Journal Sanitary Engineering Division, Proceedings American Society of Civil Engineers, 96*, SA3, 819, 1970.

[2] A. W. West, „Case histories: Improved activated sludge plant performance by operations control", *Proceedings 8th Annual Environmental and Water Resources Engineering Conference,* Vanderbilt University, Juni, 1969.

[3] R. H. Gould, „Sewage aeration practice in New York City", *Proceedings, American Society of Civil Engineers, 79,* 307–1, 1953.

[4] W. N. Torpey, „High-rate digestion of concentrated primary and activated sludge", *Sewage and Industrial Wastes, 26,* 479, 1954.

[5] *Senate Document No. 49,* „Manpower and training needs in water pollution control", U. S. Government Printing Office, Washington, 1967.

[6] T. H. Lee, G. E. Adams and W. M. Gaines, *Computer Process Control: Modeling and Optimization,* John Wiley & Sons, New York, 1968.

[7] J. H. Austin (editor), *Proceedings 9th Sanitary Engineering Conference on Instrumentation, Control, and Automation for Water Supply and Wastewater Treatment Systems,* University of Illinois, February, 1967.

[8] R. H. Babcock, *Instrumentation and Control in Water Supply and Waste Disposal,* Reuben H. Donnelley Corp., New York, N. Y., 1968.

[9] U. S. Department of Labor, *Outlook for Computer Process Control,* Bulletin 1958, U. S. Department of Labor, U. S. Government Printing Office, Washington, 1970.

[10] American Public Works Association, *Feasibility of Computer Control of Wastewater Treatment,* American Public Works Association, Chicago, 1970.

[11] E. S. Savas, *Computer Control of Industrial Processes,* McGraw-Hill Book Corp., New York, 1965.

[12] S. J. Baily, „On-line computer users polled", *Control Engineering, 16,* 86, January, 1969.

[13] R. Smitz, „Wastewater treatment plant control", paper presented at the Joint Automatic Control Conference, Wahington University, St. Louis, Missouri,. July, 1971.

[14] R. Silva, „Relating plant savings to the control hierarchy", paper presented at the 23rd Symposium on Instrumentation for the Process Industries, Texas A & M University, College Stations, Texas, Jannuary, 1968.

Roy H. Oakley *

Automatische Steuerung der Kläranlage
Milton Keynes

Einleitung

Milton Keynes ist eine neue Stadt mit 250.000 Einwohnern die 50 Meilen nördlich von London errichtet werden soll. Der Entwicklungsplan wurde heuer genehmigt und man erwartet, daß im Jahr 1979 der Bevölkerungsstand 100.000 betragen wird und daß die vollständige Entwicklung im Jahre 1989 abgeschlossen sein wird.

Die hiefür bestimmte Fläche in einer Größe von 9.000 ha im oberen Teil des Flußbeckens Ouse und entwässert zu einer Kläranlage, deren Ablauf dem Fluß Ouse zugeleitet wird. Der tägliche Abwasseranfall wird im Jahre 2.000 auf 110×10^6 Liter (4.600 m³/h) geschätzt; diese Menge ist mit der Menge im Fluß an der Einleitungsstelle von 1900 und 3800 m³/h zu vergleichen. Das gesamte ankommende Abwasser wird in der Anlage behandelt. Für Trinkwasserversorgung wird in Bedford, 50 km unterhalb der Einleitungsstelle, Wasser aus dem Fluß entnommen. Eine weitere Entnahme für Speicherung und Versorgung erfolgt unterhalb von Bedford.

Der Bau der Anlage wird zu einem späteren Zeitpunkt im heurigen Jahr begonnen werden und es ist beabsichtigt, die Anlage Anfang 1974 in Dienst zu stellen.

Erforderliche Werte des Ablaufes

Die Flußverwaltung fordert einen voll nitrifizierten Ablauf mit einem Schwebstoffgehalt und einem BSB$_5$ nicht über 10 mg/l. Es sollen auch Ablaufteiche in aufgelassenen Kiesgruben angelegt werden, sodaß eine 5tägige Speicherung durchgeführt werden kann um den Ablauf ei-

---

* H. Roy *Oakley:* J. D. and D. M. Watson, Chartered Civil Engineers, 67 Tufton Str., Westminster, S. W. 1, England.

ner weiteren Behandlung zuführen zu können, oder den Fluß während besonderen Niederwassers schonen zu können, wenn die Qualität des Ablaufes zeitweise die geforderten Werte nicht erreicht.

Beschreibung der Anlage

Die Anlage wird sehr konventionell gestaltet sein. Nach der Vorbehandlung durch Rechen und belüfteten Sandfang folgen rechteckige Absetzbecken, Belebungsbecken mit Druckluftbelüftung und Schnellsandfilter:

Zur Nährstoffentfernung wird Platz freigelassen, um später gegebenenfalls eine diesbezügliche Anlage bauen zu können. Der Schlamm wird durch Faulung behandelt und man hofft, daß ein Teil des flüssigen ausgefaulten Schlammes landwirtschaftlich verwertet wird. Der verbleibende Rest wird in Zentrifugen und Verbrennungsöfen behandelt.

Ziele der Steuerung

Die Absicht des Meß- und Steuerungsschemas ist folgende:

a) Es soll wichtige Möglichkeiten für den Betrieb der Anlage liefern.
b) Automatische Steuerung in wünschenswerten Fällen erlauben um Arbeit zu sparen oder den Wirkungsgrad zu verbessern.
c) Neue Aussagen zur Erstellung verbesserter Behandlungsmethoden zulassen.

Kostenvorteil

Ein geringes Maß an Daten ist für die richtige Bedienung der Anlage notwendig. Darüber hinaus muß jede zusätzliche Ausstattung an Instrumenten und Kontrollen gerechtfertigt werden und man nimmt an, daß ein Kapitalaufwand von 20.000 £ für jeden ersparten Arbeiter vertreten werden kann. Um dies auszugleichen werden die Kosten zur Erhaltung der Instrumente auf folgender Basis abgeschätzt: Für 60.000 £ an Instrumentenausrüstung ist ein Mechaniker erforderlich oder ein Servicevertrag gleicher Kosten.

Steuerungs-Methoden

Drei charakteristische Werte werden erfaßt:

Physikalische, chemische und biochemische Daten.

Die Steuerung von Anlagen und Ausrüstungen durch physikalische Parameter wie Spiegelhöhe, Durchflußmengen etc. ist allgemein bekannt und bedarf keiner Behandlung in diesem Vortrag.

Die Kontrolle durch chemische Parameter ist schwieriger, hauptsächlich wegen der begrenzten Anzahl verläßlicher und praktischer Meßinstrumente; gegenwärtig sind diese beschränkt auf Messung von pH, Sauerstoffgehalt, COD, Ammoniak und ein- oder zweiwertigen Ionen. Zur Bequemlichkeit wird die Temperatur und die Schwebstoffkonzentration zu diesem Bereich gezählt, obwohl diese Daten vollkommen in den physikalischen Bereich gehören. Die Kontrolle durch biochemischen Parameter ist noch nicht allgemein durchführbar, obwohl Versuche unternommen werden kontinuierliche Toxizitätsmessungen des Ablaufes vorzunehmen. Diese Werte ergäben eine frühe Warnung für unzulängliche Verhältnisse im Ablauf zum Fluß.

Die Steuerungsverfahren können in zwei Gruppen unterschieden werden:

örtliche Steuerung (durch Hand oder automatisch)

Fernsteuerung (durch Hand oder automatisch)

Die Fernsteuerung erfordert eine teure Übertragung zu einem Kontrollzentrum und ist nur gerechtfertigt, wenn dadurch eine Arbeitskraft erspart oder der Wirkungsgrad im Betrieb verbessert wird.

Ein dritter Gesichtspunkt der beachtet werden muß ist die Darstellung und Speicherung der Daten. Die sichtbare Darstellung ist angenehm, aber die Lagerung von Papiertabellen ist nicht der angenehmste Weg zur Handhabung einer großen Menge von Daten.

Darstellung des Systems

Die wesentlichen Merkmale des beabsichtigten Systems sind im folgenden dargestellt.

Kontrollzentren

Es wird ein Hauptkontrollzentrum im Verwaltungstrakt geben, in dem auch eine Anzeigetafel und die Datenspeicherung untergebracht ist. Bei den Sandfiltern und den Gebäuden zur Schlammbehandlung werden Subzentren eingerichtet.

Einlaßbauwerke

Die Anzahl der sich in Betrieb befindlichen Rechen und Sandfänge
wird je nach der Durchflußmenge durch die Anlage automatisch geregelt; die Fernanzeige erfolgt nur im Kontrollzentrum. An der gleichen
Stelle erfolgt auch die kontinuierliche Anzeige des pH-Wertes und des
Schwebstoffgehaltes; es wird auch eine automatische Probennahmesta-
tion gebaut.

Absetzbecken

Die Anzahl der Einheiten und der Betrieb der maschinellen Einrichtungen wird an Ort und Stelle kontrolliert; für die Sedimentations-
becken werden aber Möglichkeiten zur Fernsteuerung vorhanden sein.
Der Schlammabzug wird in einem Zeitzyklus geregelt mit Kontrolle
über ein Meßgerät, das den Feststoffgehalt entweder mit Nukleonen
oder mit Ultraschall prüft.

Belebungsbecken

Die Anzahl der Einheiten wird von Hand aus gewählt, der Luft-
strom wird aber über Sauerstoffmeßgeräte, die an bestimmten Punkten
des Beckens angebracht sind, geregelt.

Die Menge des Rücklaufschlammes aus dem Nachklärbecken wird
über die Wassermenge, die durch die Anlage geführt wird, gesteuert.

Sandfilter

Die Sandfilter werden diskontinuierlich beschickt und werden automatisch nach der Durchflußmenge und dem Druckverlust durch jedes Filter gesteuert. Vom Ablauf werden automatisch Proben entnommen und dem Kontrollzentrum werden laufend die Werte von PH,
Schwebstoffgehalt und Ammoniakgehalt übermittelt.

Schlammbehandlung

Dieser Teil der Anlage muß erst entworfen werden und Details des
Kontrollschemas wurden noch nicht festgelegt.

Elektrische und mechanische Einrichtung

Es wird eine normale Messung und Überwachung der elektrischen
und mechanischen Vorrichtungen geben mit den Möglichkeiten der
Alarmabgabe, der an die zentrale Kontrollstation weitergegeben wird.

Datenwiedergabe, Speicherung und Wiederauffindung

Analogsignale werden zu einem Computer übertragen der in digitaler Form bis zu 20 ausgewählte Werte einschließlich Durchflußmengen, Wasserspiegelhöhen und chemische Werte anzeigen kann. Die Werte der angezeigten Daten für Alarm werden auf einem Fernschreiber gedruckt und an ein Alarmgerät mit hör- und sichtbaren Signalen angeschlossen. Für die Speicherung der Daten werden entweder Lochkarten oder Magnetbänder verwendet. Es ist beabsichtigt den Computer so zu konstruieren, daß es möglich ist sowohl physikalische als auch chemische Daten zur Steuerung der Einheiten einzugeben, wenn eine entsprechende Beziehung feststeht und die Verläßlichkeit der Meßinstrumente bestätigt wurde.

Eine Schautafel zeigt die Anlage, und jede Fernbedienung der Einheiten wird von dieser Tafel aus vorgenommen.

Es werden Tabelliermaschinen gebaut, die aber an den zentralen Computer angeschlossen werden, so daß ausgewählte Parameter zur sichtbaren Darstellung auf gewünschter Basis gelangen.

C. F. Guarino *

Die Verwendung von Computern bei der Abwasserreinigung in Philadelphia

Seit 1966 verwendet Philadelphia Computer um richtige Betriebsaufzeichnungen zu erhalten, um Schritt zu halten mit unseren mechanischen Ausstattungen, sowie um Informationen für den Entwurf zukünftiger Anlagen zu erhalten und um die mathematischen Modelle, die auf analytischen Unterlagen beruhen, anzuwenden, was ansonsten undurchführbar wäre.

Da wir nun auf eine 5jährige Erfahrung mit Computern zurückschauen können, sind wir in der Lage ihre Wirtschaftlichkeit zu überblicken und abzuschätzen. Obwohl wir eben die vielen Verwendungsmöglichkeiten des Computers angeführt haben, hatten wir tatsächlich zwei Operationsziele vor:

1. Die Papierarbeit zu reduzieren, die für das Aufbewahren der Aufzeichnungen in großen Kläranlagen erforderlich ist.

2. Den Weg für eine eventuelle Instrumentation und Automatisation der Kläranlagen zu ebnen.

Unser erstes Projekt, welches wir „Datamation" nannten, sollte ein Programm vorbereiten, das die täglichen tabellarischen Aufzeichnungen von allen eingegangenen Daten, die auf verschiedenen Betriebs- und Laborlochkarten gesammelt werden, ermöglicht. Wir fanden, daß an jedem Tag 384 Informationseinheiten in unserer Nordost-Kläranlage aufgezeichnet werden. Mittels passender Programmierung wurde ein Monatsbericht herausgebracht, der die obigen Daten tabellarisch festhält, sowie alle notwendigen Berechnungen durchführt inclusive der gewünschten statistischen Analysen. Dieses Programm wird NELOG genannt. Das Programm enthält auch Möglichkeiten für eine Datenreihung sowie die Möglichkeit verschiedene Daten zu streichen. Diesen

---

* C. F. *Guarino:* City of Philadelphia, Water Department, 1160 Municipal Service Building, Philadelphia/Pa. 19107, USA.

Monatsbericht verarbeitet der Computer zu einer monatlichen Zusammenfassung; die 12 Zusammenfassungen werden dann auch zu einem Jahresbericht zusammengestellt. Diese drei Programme reduzieren den technischen Zeitaufwand, sowie Schreib- und Büroaufwand für das Aufbewahren der Aufzeichnungen, verringern menschliche Irrtümer und geben uns bessere und leichter zugängliche Daten.

Eine natürliche Folge des mehr betriebstechnisch orientierten NE-LOG war eine Datenaufzeichnung, die auf Speicherung basiert und Medico [2] genannt wird. Dieses Programm, eingeführt im Jahre 1969, gibt Auskunft über den Zustand aller größeren Betriebseinrichtungen in der Nordost-Kläranlage. Medico dient als Managementwerkzeug für Berechnungen, Kontrollen sowie für die Leitung und Betriebsführung und Kläranlage.

Die Stadt Philadelphia hat sich auf ein 200 Mill. Dollar Projekt eingelassen um seine Kläranlagen zu verbessern. Im Einzugsgebiet des DELAWARE VALLEY wurde allen Stadtbezirken und Industrien ein fixes Quantum an BSBs und Schwebestoffen, das sie in den Vorfluter einleiten dürfen, zugebilligt. Um den richtigen Entwurf der geplanten Kläranlagen zu ermöglichen, sodaß auch die zulässigen Einleitungsbedingungen eingehalten werden, werden die im Computer gespeicherten Daten statistisch analysiert und dem Projektanten mitgeteilt. Dies ist natürlich keine neue Technik sondern einfach einer der vielen Vorteile, die uns der Computer bietet. Wir hoffen, daß diese Informationen für den Entwurf von neuen Kläranlagen außerordentlich nützlich sind.

Der erste dieser Berichte „Variationen der Eingangsparameter der Nordost-Kläranlage" berücksichtigt verschiedene Eingangsparameter wie zum Beispiel Zufluß, Schwebestoffe, organische Belastung, etc. an 730 aufeinanderfolgenden Tagen. Die Verteilung der Parameter über den Durchschnitt wurde über eine Häufigkeitsanalyse bestimmt.

Die Häufigkeitsanalyse wird als Planungsgrundlage verwendet. So kann sie zum Beispiel bei der Planung einer Kläranlage verwendet werden, indem verschiedene Varianten, die auf unterschiedlichen Wahrscheinlichkeiten der Belastung basieren, entwickelt werden. Anstatt Durchschnittswerte als Grundlage für die Planung zu verwenden, kann die Anlage so entworfen werden, daß 95% der zugrunde gelegten Fracht abgebaut wird. Die Größe der Anlage und die Baukosten für diesen Reinigungsgrad können berechnet werden und mit den Kosten für Anlagen mit 85 oder 90% Reinigungseffekt verglichen werden. Ein genauer Kostenvergleich für die Varianten kann aufgestellt werden.

Dies bietet eine Möglichkeit das Verhältnis zwischen Konstruktionskosten und Reinigungseffekt zu bestimmen.

Ein zweiter Planungsbericht „Zusammenfassung über die Sekundärbehandlung" gibt über 2 Jahre die Parameter der biologischen Reinigung in der Nordost-Kläranlage wieder. Bezugnehmend auf die täglichen Analysen nahm der Bericht 54 von 490 Parametern heraus, wie zum Beispiel Schlammalter, Schlammdichte, organische Belastung etc. und ordnete diese Parameter Zeitabschnitten zu, in denen verschiedene Behandlungsmöglichkeiten auf der Nordostkläranlage gefahren wurden. Eine Zusammenfassung solch eines Planungsberichtes würde ohne Hilfe des Computers ein riesiges Unternehmen sein. Der Computer wirft innerhalb von 8 Stunden 138 Seiten von tabellierten Mittelwerten auf Lochkarten aus.

Die Vorbereitung von detaillierten Berichten für die Planung gibt den Aufsichtsbehörden die Garantie, daß die Planungsentscheindungen auf sämtlichen erhältlichen Informationen basieren. Ohne Hilfe des Computers ist die Vorbereitung solcher detaillierter Berichte zu mühsam und führt zu Zeit- und Arbeitseinsparungen, die später den Planer irreführen können.

Philadelphia verwendet die Computer auch um Anzeigegeräte zu entwickeln und zu berechnen, was für die Kontrolle der Abwasserreinigung äußerst wichtig ist. Eines der größten Hindernisse im Automatisierungsprogramm der städtischen Anlagen ist der Mangel an geeigneten Meßgeräten z. B. eine kontinuierliche BSB_5-Anzeige. Ein großer Teil der Arbeiten auf diesen Gebieten wurde darauf verwendet, den BSB_5 in einer Relation mit leichter meßbaren Parametern wie COD, Gesamtkohlenstoff (TC), TOC, etc. zu bringen. Der Erfolg dieser Arbeiten hängt in erster Linie von der Zusammensetzung des jeweiligen analysierten Abwassers ab.

In Philadelphia ist man der Auffassung, daß wahrscheinlich kein Instrument den BSB vorhersagen kann und erforscht daher die Möglichkeiten, den BSB durch eine Kombination von COD und TC vorherzusagen. Der Computer wird daher auch für iterative Berechnungen von Daten, beinhaltend den BSB, TC und COD, verwendet. Die Gleichungen basieren auf 45 Datenanordnungen. Wie man ersehen kann, wird die Vorhersagbarkeit erhöht, indem man COD und TC kombiniert, obwohl beide schon unabhängig voneinander ziemlich gute Vorhersagen gestatten.

Die Vorhersage des BSBs liegt innerhalb einer Fehlergrenze von 21% über 80% der Zeit. Dies mag an sich nicht signifikant erscheinen, wenn man es nicht auf die Praxis anwendet. Gegenwärtige Arbeiten auf unserer Nordostanlage zeigen, daß die organische Belastung bei der biologischen Reinigung innerhalb von 150% vom Tagesmittelwert schwankt. So können durch die Anwendung der Ergebnisse die Höchst- und Tiefstwerte in Abhängigkeit von der Zeit ermittelt und die Belüfter danach eingestellt werden, sodaß solche Schwankungen ausgeglichen werden.

In unseren kontinuierlichen Beobachtungen von verschiedenen Instrumenten wie z. B. Sauerstoffsonden und Trübungsmeßgeräten wird eine große Anzahl von vergleichbaren Werten produziert. Der Computer mit seinen verschiedenen in Wechselbeziehung stehenden Programmen kann schnell den Wert einer besonderen Messung bestimmen und Beziehungen aufzeigen, was bei normaler Auswertung nur schwer gemacht werden könnte. Auf diese Weise wird die Interpretierung der Meßdaten vereinfacht.

Abschließend sei gesagt, daß in den 5 Jahren Computer-Anwendung in Philadelphia Betriebsberichte für große Kläranlagen mit einem Minimum an Aufwand erstellt wurden. Wir haben das Endprodukt unseres Datenverarbeitungssystems als Grundlage für Planungsarbeiten verwendet sowie um die inneren Zusammenhänge bei einigen unserer Einheitsprozesse zu verstehen.

Der Computer hat uns bei der Entwicklung von Meßgeräten geholfen und uns einen Schritt näher zur Automation unserer Anlagen gebracht.

Literatur

[1] Guarino, Radziul: Data Processing in Philadelphia, Journal. Water Pollution Control Federation, August 1968.

[2] Guarino, Carpenter: Philadelphia's Plans Toward Instrumentation and Automation of Wastewater Treatment Processes, 5th International Water Pollution Research Conference, July-August 1970.

[3] M. D. Nelson: Variations of Input Parameters at the Northeast. Water Pollution Control Plant, Philadelphia Water Department Internal Report.

[4] M. D. Nelson: Secondary Treatment Summary, Philadelphia Water Department Internal Report.

James J. Anderson *

Steuerung der Abwasserableitung und Kläranlagenautomatisation

1. Einleitung

Seit den frühen Tagen des Bauingenieurwesens wurden Kanalisationssysteme und Kläranlagen getrennt geplant, gebaut und betrieben. Die Kanalisation wurde betrieblich nicht gesteuert, sondern nur gewartet, um hydraulische und bauliche Schäden zu vermeiden. Nur wo Auffangbecken beim Einlauf in die Kläranlage vorgesehen wurden, nahm man bei der Planung auf die Schwankungen der Belastung, wie sie durch das Kanalsystem entstehen Rücksicht.

Neuste Erfahrungen haben gezeigt, daß große Kanalsysteme gut während der großen Regenereignisse gesteuert werden können. Die gleiche Methode kann auch während Trockenwetterzeiten angewendet werden, um den Betrieb der Kläranlage durch dynamisches Ändern des Zulaufes zu verbessern. Man kann die Tagesganglinie der Belastung ausgleichen, in dem man den Durchfluß im System steuert. Wenn im Kanalsystem kein Auffangvolumen vorhanden ist, so müssen Ausgleichsbecken zweckmäßig angeordnet werden. Untersuchungen bei zwei gesteuerten Kanalsystemen haben gezeigt, daß die Ausgleichsbecken bei normaler Trockenwetterbelastung nicht benötigt werden.

2. Steuerung der Abwasserableitung

Manche Kanalsysteme wurden oder werden einer zentralen Computer-Steuerung unterworfen. Zunächst wurde die Kanalisation von Minneapolis Saint Paul automatisiert (1969) [1]. Danach wurde Detroit erfaßt und in Seattle ist die Automatisation für 1971 vorgesehen. Cleveland plant die Steuerung in der näheren Zukunft.

---

* James J. *Anderson:* Watermation Inc., 2304 University Ave., St. Paul/ Minn., 55114, USA.

Obwohl jede der oben erwähnten Städte verschiedene Wege zur
Erreichung des Ziels gewählt haben, ist das generelle Konzept überall
ähnlich. Als Beispiel wird die Anlage Minneapolis Saint Paul zur Diskussion gestellt.

Dieses Kanalsystem nimmt die Abwässer von 1,5 Mill. Einwohnern
auf. Der Tagesabfluß liegt bei 870.000 m³/d (Jahresmittel), das Einzugsgebiet ist 80 km² groß. Die Hauptsammler sind 48 km lang.

Es werden aufblasbare Gummi-Wehre und hydraulisch gesteuerte
Schieber verwendet, die an 15 Stellen eingebaut sind. Diese Steueror-
gane werden durch einen zentralen Computer über Telefonleitungen
reguliert. Dieses Telefonsystem überträgt auch die Wasserstandmes-
sungen der Regenüberläufe und das Meßsystem der Vorflutwassergüte
(140 Messungen und Steuerung von 40 Wehren). Der Computer hat
eine Kapazität von 24 k, mit einem Memory von 18 bit pro Wort und
einem $1,5 \times 10^6$ word disc. Es können auch zwei Magnetbandeinheiten,
ein Printer etc. angeschlossen werden. Der Computer speichert ein mathematisches Modell der hydrologischen und hydraulischen Verhältnisse des Kanalsystems.

Während der Errichtung dieses Kontrollsystems wurden stündlich
Abwasserproben an Schlüsselstellen entnommen und jede der 35.000
gesammelten Proben wurde analysiert [2].

3. Zeitliche Zulaufschwankungen

Die Mittelwerte der Belastung schwanken im Verhältnis 2 : 1 und
die stündlichen Spitzenwerte 16 : 1. Das Verhältnis von maximalem zu
minimalem Abwasseranfall liegt typisch zwischen 1,8 und 1, wogegen
das entsprechende Verhältnis beim COD mit 3 bestimmt wurde. Diese
Schwankungen sind geringer als bei den anderen Beobachtungsstellen.
Die Kontrolle könnte an jeder Stelle ausgeführt werden, hier wird jedoch nur der Zufluß der Kläranlage behandelt.

4. Ausgleichsvolumen

Es wurden vereinfachte Berechnungen zur Bestimmung des erforderlichen Ausgleichs (Anfall und Verschmutzung) angestellt. Zur Anpassung an die unterschiedlichen Mengen und Frachten wurden diese
bei der Berechnung variiert.

Etwa 8% der täglichen Zuflußmenge werden für den Ausgleich benötigt, wogei die Schwankungen der COD-Fracht dann noch bei 1 : 1,4
liegen.

Das für den Ausgleich der Frachten benötigte Volumen von 15%
des täglichen Zuflusses ist doppelt so groß als das für den Mengenaus-
gleich benötigte Volumen. Dadurch ergeben sich Zulaufmengen-
schwankungen von 1 : 1,6.

2. Auswirkungen auf den Betrieb der Kläranlage

In beiden Fällen kann ein gleichmäßiger Betrieb der Kläranlage
erreicht werden. Da tägliche Schwankungen auftreten, wird sich die
Automatisation bezahlt machen. Wichtig ist die Betrachtung der
Frachten. Das Kontrollsystem muß so empfindlich sein, daß Angaben
für den Betrieb der Kläranlage gemacht werden können. Im Fall des
Ausgleichs der Schmutz-Fracht ist bei niederer Verschmutzung ein
größerer Zufluß nötig, was z. B. die Nachklärung stören kann. Es ist
daher ein Mittelweg zwischen Mengen- und Konzentrationsausgleich
zweckmäßig.

6. Mathematische Berechnung

Der Einfluß des Ausgleichs kann durch Transformationen analysiert werden. Das Verhalten des Systems kann mittels Fourier-Analyse
von Zu- und Ablaufganglinie erfaßt werden [3][4][5]. Bei Variation des Zulaufs können die Abläufe berechnet werden.

So wurde für den Fall Minneapolis Saint Paul eine Fournier-Ana-
lyse durchgeführt. Dabei wurden Auswirkungen des Ausgleichssystems
auf den Abfluß berechnet. Der Klärprozeß wird stabilisiert und der
Ablauf-COD wird beträchtlich vermindert.

Die Methode hat aber nicht nur Vorteile. Das mathematische Modell der Kläranlage ändert sich immer wieder durch betriebliche Veränderungen. Die linearen Zusammenhänge der mathematischen For-
mulierungen stimmen nicht mit den Fluktuationen des Betriebes über-
ein. Eine iterative Optimierung hilft, das mathematische Modell mit
der betrieblichen Veränderung in Einklang zu bringen. Bei der hier angeführten Untersuchung wurden die Werte eines unkontrollierten Ver-
suches gewählt, wobei der gesamte Klärprozeß als einzelne Operation
angenommen wurde. Die Ergebnisse könnten besser sein, wenn die Regelung der Fracht weitgehender vollzogen wäre und jeder einzelne Rei-
nigungsschritt (Vorklärung, Belebung, Nachklärung) erfaßt worden
wäre.

7. Auswirkungen

Untersuchungen in Minneapolis haben ergeben, daß 10 bis 20% des täglichen Trockenwetterabflusses im Kanalsystem gespeichert werden. In Detroit kann eine Speicherung des Trockenwetteranfalls von 6 Stunden vorgenommen werden [6].

Nach Meinung des Autors kann der Betrieb einer Kläranlage durch die Steuerung der Abwasserableitung günstig beeinflußt werden. Durch Einstellung entsprechender Belastungen können optimale Betriebswerte mit Hilfe der mathematischen Modelle gefunden werden. Der Zuflußausgleich wird den Klärbetrieb verbessern und die für die wechselnde Belastung der Kläranlage benötigten Automationseinrichtungen vereinfachen.

Literatur

[1] R. L. Callery, „Dispatching System for Control of Combined Sewer Losses-Final Report", Water Pollution Control Research Series, 11020 FAQ 03/71, US Govt. Printing Office, March 1971.

[2] J. Anderson et al, „Application of the Auto Analyzer to Combined Sanitary and Storm Sewer Problems", Proceedings of the 1967 Technicon Symposium, New York, 1967.

[3] P. R. Roth, „Digital Fourier Analysis", Hewlett Packard Journal, June 1970, p. 2.

[4] P. R. Roth, „Effective Measurement Using Digital Signal Analysis", IEEE Spectrum, April 1971, p. 62.

[5] R. V. Thoman, „Time Series Analyses of Water Quality Data", Journal of the SED, ASCE, SA 1, Feb. 1967, p. 1.

[6] D. G. Suhre, Private Communication.

[7] A. T. Wallace and D. M. Zollmann, „Characterization of Time-Varying Organic Loads", „Journal of the SED, ASCE", SA 3, June 1971, p. 257.

[8] C. E. Bowers, G. S. Harris and A. F. Pabst, „The Real Time Computation of Runoff and Storm Flow in the Minneapolis St. Paul Interceptor Sewer", St. Anthony Falls Hydraulic Laboratory Memorandum No. 118, University of Minnesota, Dec. 1968.

[9] G. S. Harris, „Real Time Estimation of Runoff in the Minneapolis St. Paul Areas", SAFHL Memo. 119, University of Minnesota, Dec. 1968.

H. Bleier *

Ein automatisches System zur
kontinuierlichen Bestimmung von organischen Stoffen
in Wasser und Abwasser

Es stehen verschiedene Methoden zur Bestimmung der organischen Stoffe in Wasser und Abwasser zur Verfügung, nämlich

- physikalische Methoden (Adsorption, Berechnungsindex, Trübung)
- biochemische Methoden (BSBs)
- chemische Methoden (COD, Permanganatverbrauch, TOC)

Wegen der geringen Selektivität der angeführten physikalischen Methoden und des langsamen Reaktionsablaufs der biochemischen Methoden bietet sich vor allem die chemische Methode als Grundlage für eine Analyseautomatik an.

Verschiedene Instrumente zur COD oder TOC-Messung wurden bisher entwickelt. Die am Markt befindlichen Instrumente haben jedoch den Nachteil, entweder nicht automatisch oder nicht kontinuierlich verwendbar zu sein, oder als Aufschlußgrundlage eine trockene Verbrennung enthalten. Letzteres bedingt die Verwendung von sehr kleinen Probenmengen. Schwebstoffe in der Probe bedingen hierbei Schwierigkeiten bei der Analyse mit diesen Instrumenten.

Da bei der TOC-Bestimmung der anorganische Kohlenstoff nicht miterfaßt werden soll, muß dieser in einer Vorbehandlungsstufe entfernt werden.

Das nunmehr vorgeschlagene System berücksichtigt die speziellen Probleme der Abwasseranalyse. Das Prinzip ist in Abbildung 1 dargestellt.

---

* Herbert *Bleier:* Institut für Wasserversorgung, Abwasserreinigung und Gewässerschutz, Technische Hochschule Wien A-1040, Karlsplatz 13.

210

PROBE
SCHWEFEL-SÄURE
ANORGANISCHER KOHLENSTOFF
LUFT OXYDATIONS-REAGENS
LUFT
TOC
FLÜSSIG COD
A
B
C
D
E

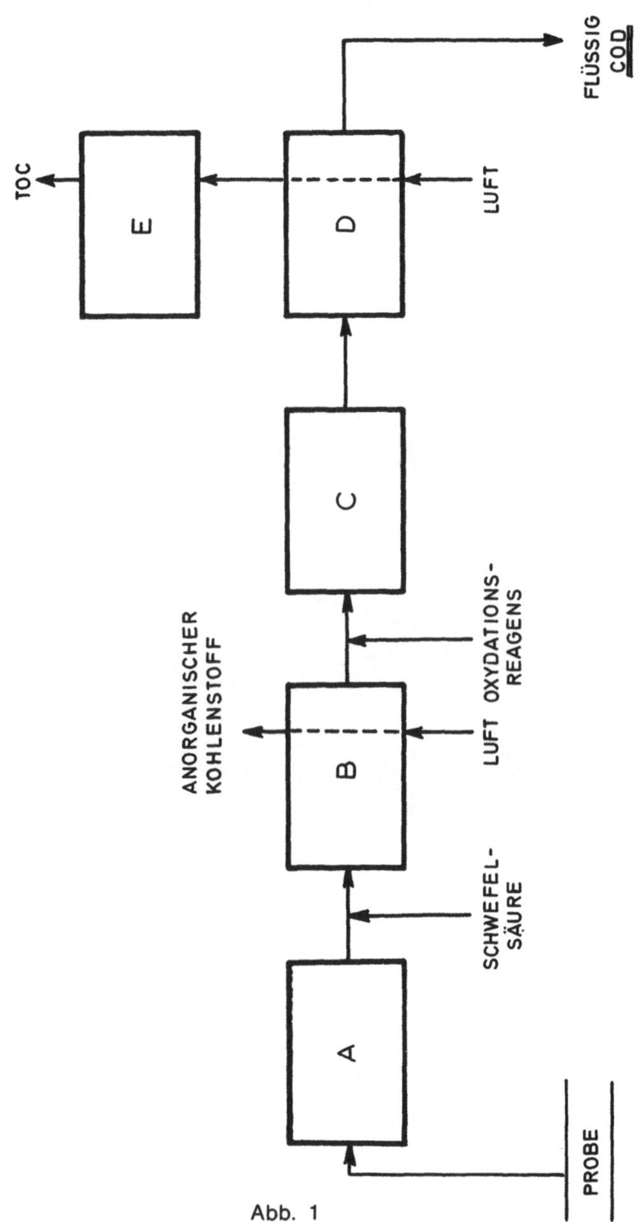

Abb. 1

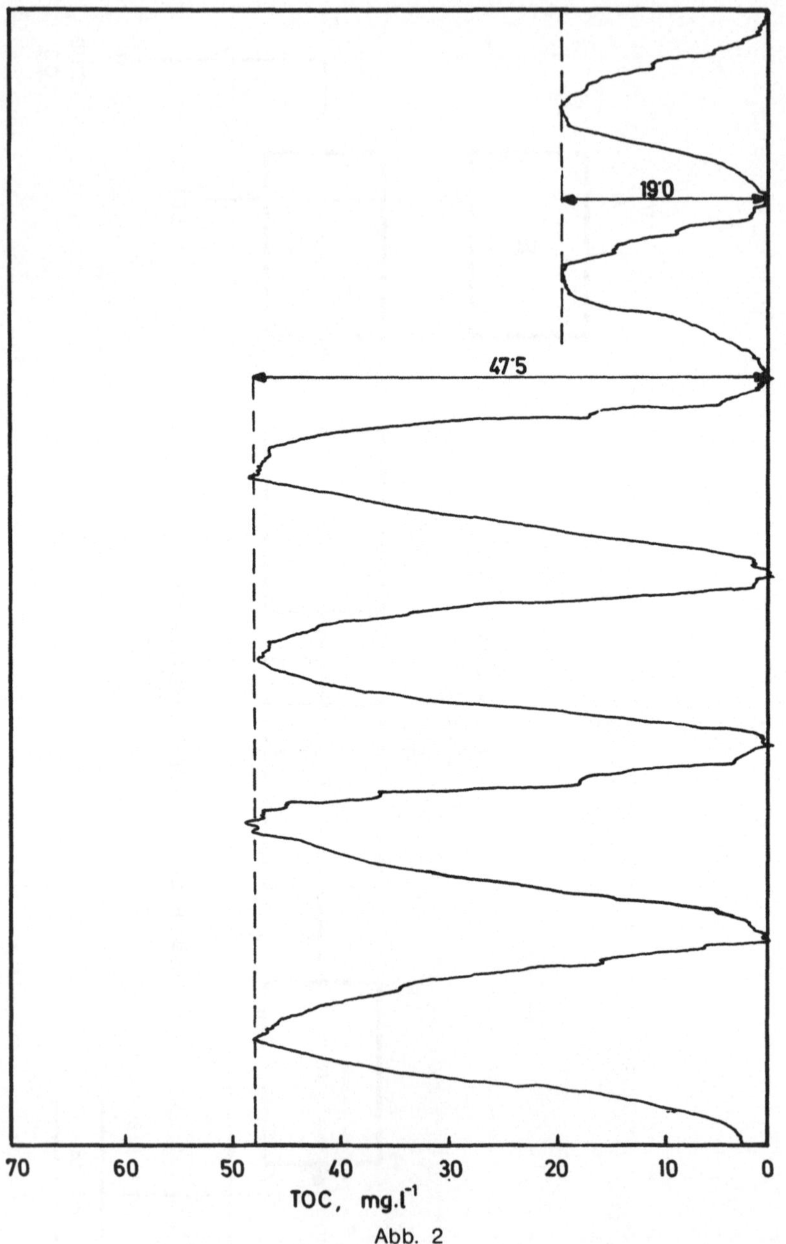

Abb. 2

Der Probenstrom wird nach mechanischer Vorbehandlung (kontinuierliche Siebung, Homogenisierung) in der Stufe A mit konzentrierter Schwefelsäure versetzt und durch Stripping mit Luft die freie Kohlensäure entfernt (Stufe B).

Nach Zusatz des Oxydationsreagens (Kaliumdichromat in konzentrierter Schwefelsäure mit Silber-I-Sulfat als Katalysator) wird die Mischung der Aufschlußeinheit (Stufe C) zugeführt. Diese Aufschlußeinheit besteht aus einer Glashelix, die in einem thermostatisiertem Ölbad auf 170° C aufgeheizt ist. Der zu analysierende Probenstrom durchfließt die Glasspirale, wobei die anorganischen Stoffe zu Kohlendioxid oxydiert werden. In der nachfolgenden Trennkammer erfolgt die Abtrennung des freigewordenen Kohlendioxids (Stufe D).

Während in der flüssigen Phase der COD durch kontinuierliche potentiometrische Titration bestimmt werden kann, wird das Gas einem relativkonduktometrischen Kohlendioxidanalysator zugeführt (Stufe E) und der TOC ermittelt.

Die Ergebnisse werden auf einem Kompensationsschreiber aufgezeichnet. Durch Verwendung von Standardlösungen wird das Analysensystem geeicht, sodaß die Ergebnisse direkt als COD oder TOC (in mg/l) abgelesen werden können.

Der Transport von Probe und Reagenzien durch das gesamte System erfolgt mit Hilfe einer Mehrkanalschlauchpumpe.

Das Analysensystem wurde bisher sowohl für Einzelproben als auch für die kontinuierlichen Analysen eines Probenstromes eingesetzt. Bei den Einzelanalysen wird vorteilhaft ein automatisches Probeeingabegerät verwendet, das nach festgelegten Perioden einen Probenwechsel vornimmt. Als günstig hat sich eine Probenfrequenz von 6–8 Proben pro Stunde erwiesen. Das Analysensystem selbst läuft in allen Stufen kontinuierlich.

Mehr als 80 verschiedene reine organische Testsubstanzen wurden analysiert: Aminosäuren, Kohlehydrate, aliphatische und aromatische Aldehyde, Ketone und Säuren. Aromaten und Heterozyclen wurden untersucht, um die Aufschlußbedingungen zu überprüfen.

Da die Oxydationsbedingungen wesentlich stärker als in den Standardverfahren gewählt wurden, wurde nach fünfzehn Minuten in allen Fällen mindestens 94% des theoretischen TOC-Wertes gefunden. Sonst kann nach etwa 20 Minuten das Analysenergebnis abgelesen werden. Wie Abbildung 2 zeigt, ist die Reproduzierbarkeit kleiner als 1% vom Skalenendwert. Die Erfassungsgrenze liegt bei etwa 1 mg/l org. C.

Analysen der Abläufe von biologischen Kläranlagen zeigten eine gute Übereinstimmung zwischen BSB5 und TOC. Die Ablaufkonzentrationen einer Tagesuntersuchung der Kläranlage Wien-Blumental zeigen eine gute Übereinstimmung zwischen BSB5 und TOC. Unter-

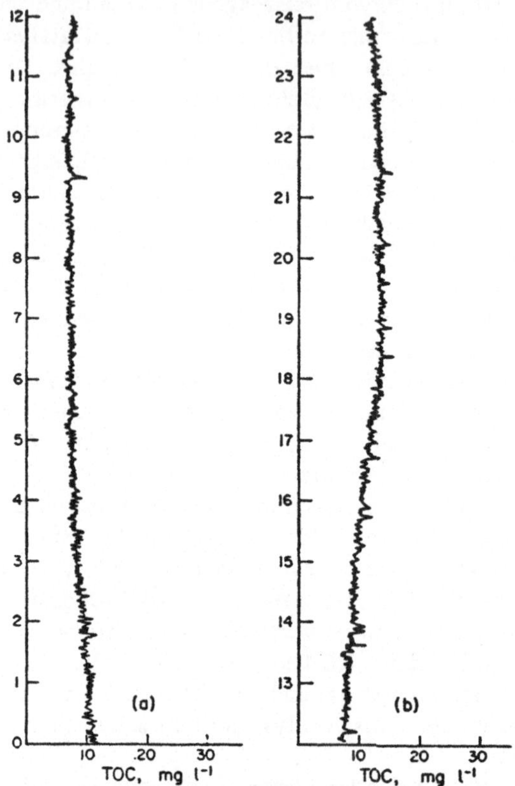

Abb. 3: Kontinuierliche TOC-Messung in Wien–Blumental am Ablauf des Nachklärbeckens, 27. Oktober 1971
(a) 0,00–12,00 Uhr, (b) 12,00–24,00 Uhr

suchungen über mehrere Monate ergaben ein BSB5 : TOC-Verhältnis von 0,8 ± 0,1. Auf Grund dieser guten Übereinstimmung läßt sich aus einer kontinuierlichen TOC-Messung der momentane BSB5 des Ablaufes gut abschätzen, wobei die Standardabweichung etwa 16% beträgt. Abbildung 3 zeigt den Schreibstreifen mit den registrierten TOC-Werten über 24 Stunden.

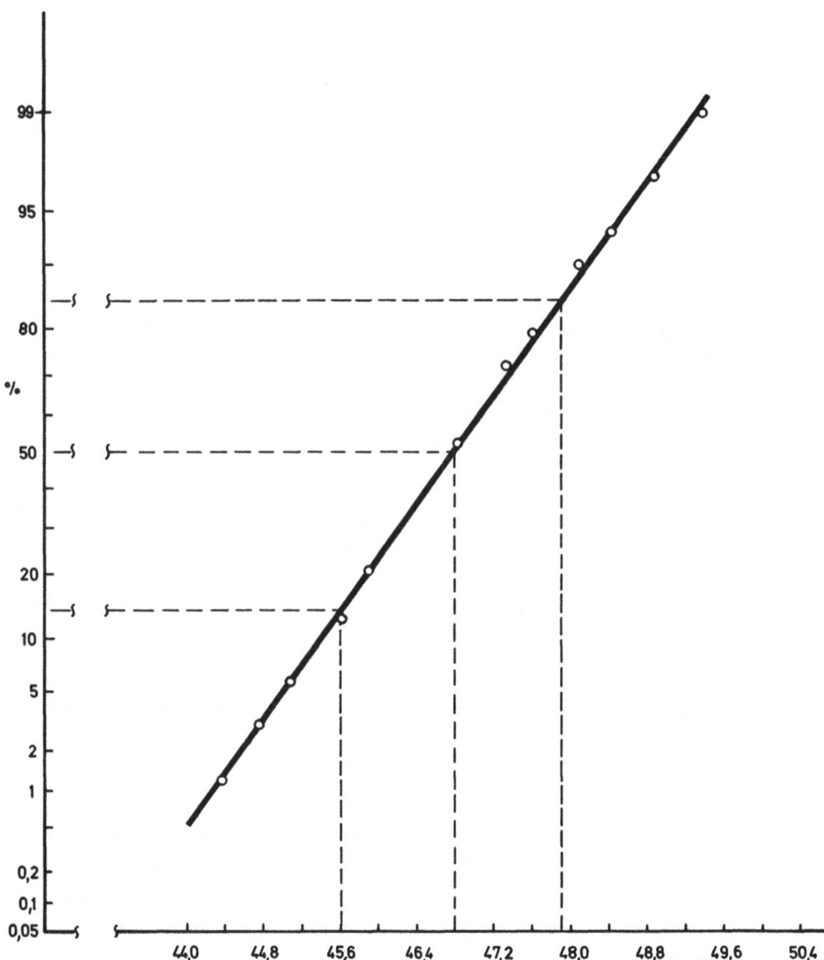

Abb. 4: Das Verhältnis TOC/GV von 72 Proben von Wien-Blumental im Wahrscheinlichkeitsnetz

Untersuchungen erstreckten sich auch auf die Erfassung der organischen Trockensubstanz von Belebtschlamm durch TOC-Messung. Aus einer Zahl von 72 Einzelproben wurde das prozentuelle Verhältnis TOC : oTS ermittelt. Abbildung 4 zeigt die Normalverteilung der Werte. Hierbei ergibt sich ein Mittelwert von 46,75% TOC in der organischen Trockensubstanz. Aus der kleinen Standardabweichung ist ersichtlich, daß die TOC-Messung mit guter Genauigkeit an die Stelle der Bestimmung der organischen Trockensubstanz (Glühverlust) treten kann. So-

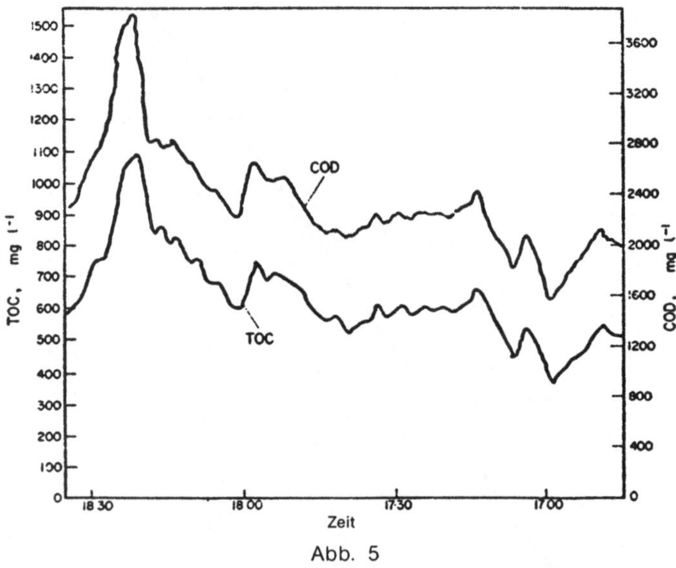

Abb. 5

mit ergäbe sich ein Sensor für die automatische Steuerung von Belebtschlammanlagen (siehe EMDE: Steuerung von Belebtschlammanlagen).

Am Beispiel der kontinuierlichen Abwassermessung einer Papier- und Zellstoffabrik in Österreich soll die kombinierte COD und TOC-Messung gezeigt werden. Abbildung 5 zeigt einen Ausschnitt des Registrierstreifens. Neben einer guten Übereinstimmung zwischen COD und TOC ist auch ein starker Wechsel in den Konzentrationen sichtbar. So zeigt der hohe Wert um 18 Uhr 22 die Ableitung von Grubenwaschwässern. Hier ist der deutliche Vorteil der kontinuierlichen registrierenden Messung ersichtlich.

216